NATUR & GENUSS

Die 12 wichtigsten essbaren Wildpflanzen bestimmen, sammeln und zubereiten

Dr. Markus Strauß

Danksagung

Herzlichen Dank an meine Yoga-Meisterin Reina Hartung für die vielen schönen gemeinsamen Jahre, die intensiven Gespräche und die immerwährende Inspiration.

Hinweis

Die hier genannten Pflanzeninformationen wurden sorgfältig recherchiert und nach bestem Wissen und Gewissen wiedergegeben. Die Hinweise zu den Heilwirkungen der Pflanzen ersetzen aber in keinem Fall den Rat und die Hilfe eines Arztes oder Heilpraktikers. Der Verlag und der Autor übernehmen keine Haftung für Schäden, die durch unsachgemäße Anwendung der dargestellten Behandlungs- und Zubereitungsmethoden oder durch falsche Nutzung der Wildpflanzen entstehen, und übernehmen auch keinerlei Verantwortung für medizinische Forderungen.

Impressum

© Walter Hädecke Verlag, 71256 Weil der Stadt, 2010

4 3 2 1 | 2012 2011 2010

Alle Rechte der Verbreitung und Vervielfältigung, auch durch Film, Fernsehen, Funk, fotomechanische Wiedergabe, Tonträger jeder Art und Speicherung und Verbreitung in Datensystemen sowie auszugsweiser Nachdruck sind vorbehalten und müssen durch den Verlag genehmigt werden.

Lektorat: Julia Genazino

Bildnachweis: Alle Pflanzen-, Natur- und Foodfotos © Michael Brem, Leonberg, bis auf folgende Ausnahmen: .Abbildungen istockphoto.com: S. 14 (© Andreas Weber), S. 16 (© ruhrpix), S. 67 (© Errol Brown); S. 52 © imagebroker / OKAPIA; S. 54 imagebroker / OKAPIA, S. 60 © Régis Cavignaux/BIOS/OKAPIA; S. 62 © Hans Reinhard/OKAPIA; alle historischen Illustrationen: © Biolib, Kurt Stueber, Köln

Gestaltung, Grafiken und Satz: Julia Graff, Produktion & Design, Stuttgart (Florale Illustrationen nach Vorlage von www.idealhut.com, Icons unter Verwendung einer Grafik von vecteezy.com)

Gesetzt aus der Zag (Svetoslav Simov/Fontfabric) und Relato Sans (Eduardo Manso/Emtype Foundry)

Printed 2010 in EU

Druck auf chlorfrei gebleichtem FSC-Papier

ISBN 978-3-7750-0576-0

Inhalt

Vorwort

Essbare Wildpflanzen sind heute wieder „in aller Munde" – der Genuss von Wildgemüse erlebt in den letzten Jahren eine Renaissance. Dabei spielen ganz unterschied-
liche Motive eine Rolle: die Suche nach natürlichen und gesunden Lebensmitteln, der
unmittelbare Kontakt zur Natur oder schlicht und einfach das Ziel, Geld zu sparen.

Das Sammeln von Wildgemüse ist jedoch keine Erfindung unserer Zeit; es ist vielmehr
so alt wie die Menschheit selbst. Über viele Millionen Jahre hinweg sicherte das Jagen
und Sammeln die Existenzgrundlage der Bevölkerung. Auch wenn der Jagderfolg unserer Vorfahren einmal ausblieb: Essbare Wildpflanzen standen dem Menschen immer
zur Verfügung. Das Wissen, wie man pflanzliche Nahrung beschafft und zubereitet,
war die „Lebensversicherung" unserer Urahnen.

Erst vor einigen Tausend Jahren gingen die Menschen dazu über, an einem Ort sess-
haft zu werden, um von Ackerbau und Viehzucht zu leben. Es wurde zwar weiterhin
gejagt und gesammelt, aber im Lauf der Zeit verlor sich die wirtschaftliche und kultu-
relle Bedeutung der einstigen Lebensform nach und nach. Die Kenntnisse über die
Verwendung heimischer Wildgemüse und Heilpflanzen konzentrierten sich zunehmend
auf wenige „eingeweihte" Personen, wie im Mittelalter zum Beispiel Hildegard von
Bingen – bevor diese in der Neuzeit als Folge der Industrialisierung diese fast vollständig erloschen.

Doch am Ende des 19. und zu Beginn des 20. Jahrhunderts formierte sich eine Gegen-
bewegung: Heilpflanzenkundige Persönlichkeiten wie Pfarrer Kneipp, Maria Treben
oder Johann Künzle knüpften an das alte Wissen um die Schätze der Natur an und
machten es ihren Zeitgenossen wieder in neuer Form zugänglich. Auch die Begründer
der Reformhausbewegung und des Vegetarismus spielten dabei eine wichtige Rolle.
Als dann in Folge der Weltwirtschaftskrise und des Zweiten Weltkriegs große Teile
der Bevölkerung Not und Hunger litten, bekam das Thema essbare Wildpflanzen
wieder existenzielle Bedeutung. Leider bildete sich zu dieser Zeit aber auch das nega-
tive Image des „Arme-Leute-Essens" und verfälschte den objektiven Blick auf die
offensichtlichen Qualitäten von Brennnessel, Vogelmiere & Co. Mit dem einsetzenden
Wirtschaftswunder wandten sich die Menschen rasant und gierig den vermeintlich
besseren Lebensmitteln zu. Dieser Trend hielt bis in die 90er-Jahre des letzten Jahrhunderts an. Das Wissen um die Artenkenntnis und die Zubereitungsmöglichkeiten
der essbaren Wildpflanzen geriet dabei aufs Neue fast vollständig in Vergessenheit.

Hier und heute erfährt die wilde Kost eine Wiederbelebung in unserer Kultur. Die
„Arme-Leute-Gerichte" aus Kriegszeiten werden heutzutage in der gehobenen Gast-
ronomie von Gourmetköchen auf kreative Weise umgesetzt. Was unseren Groß- und
Urgroßeltern einst das Überleben sicherte, wird von manchem Enkel als exotisches
Erlebnis genossen. „Exotisch" ist es nur deshalb, weil Mangos aus Brasilien und
Zitronengras aus Thailand heute im Supermarkt um die Ecke zum Standardsortiment
gehören, während Giersch und Wegerich unerkannt und unbeachtet oft direkt neben
dem Parkplatz des Supermarkts wachsen.

Ein weiterer Punkt: Wiederkehrende Skandale um die Qualität industriell hergestellter
Nahrungsmittel führten bei vielen Verbrauchern zu einer dauerhaften Vertrauens-
krise und neuen Konsumgewohnheiten. Der Bio-Boom der letzten 20 Jahre schuf ein
größeres Bewusstsein für naturreine Produkte regionaler Herkunft, fast ausgestorbene
Obst- und Gemüsesorten und sortenreines Saatgut ohne Gentechnik.

Für viele eröffnet die Beschäftigung mit diesen Fragen den Zugang zu den essbaren
Wildpflanzen. Wer ursprüngliche, natürliche und hoch qualitative Lebensmittel sucht,
findet hier eine echte Alternative.

Immer mehr Menschen wollen sich selbst aktiv um ihre Gesundheit kümmern und weniger von einem Gesundheitssystem abhängig sein, das am Umsatz mit Medikamenten
interessiert ist. Das Thema „essbare Wildpflanzen" schenkt uns dafür ganz neue Mög-

lichkeiten: Jedes Wildgemüse ist zugleich eine Heilpflanze und besitzt ureigene medizinische Eigenschaften. Hier wird der Leitsatz des Hippokrates wieder aktuell: „Eure Nahrungsmittel sollen Eure Heilmittel und Eure Heilmittel Eure Nahrungsmittel sein".

Gegenwärtig erleben wir eine weltweite Finanz- und Wirtschaftskrise. Viele Menschen fühlen sich von Arbeitslosigkeit, sozialem Abstieg, ja vom Zusammenbruch des gesamten Wirtschaftssystems bedroht und suchen nach Möglichkeiten, im Ernstfall unabhängiger leben zu können. Die Anzahl derer, die am Rand der Leistungsgesellschaft stehen und ihren Lebensunterhalt mit Harz IV, einer bescheidenen Rente oder anderen Sozialleistungen bestreiten müssen, wächst beständig. Das Gratisangebot an frischen Lebensmitteln aus der Natur kann hier eine willkommene und naheliegende Unterstützung sein!

Abgesehen von diesen ernsthaften wirtschaftlichen Beweggründen, bietet das Sammeln und Zubereiten von Wildpflanzen eine sinnvolle und genussreiche Beschäftigung. Oft genügt es uns heute nicht mehr, nur noch Konsumenten vorgefertigter Waren zu sein. Wir wollen wieder selbst den Weg zum Ursprünglichen finden und dabei aktiv und kreativ werden. Es macht einfach Spaß, draußen in der Natur zu sein – und Wildgemüse zu sammeln ist ein wunderbarer Grund für einen ausgiebigen Spaziergang. Auch Kinder erleben hier Freude und einen neuen, unmittelbaren Zugang zur Natur. Dazu braucht es nur einen Korb oder eine Stofftasche, eine Schere und ein Fachbuch wie dieses – und los geht's.

Es gibt also reichlich gute Gründe dafür, sich mit den wilden essbaren Pflanzen näher zu beschäftigen. Viele meiner Seminarteilnehmer erzählen von ihren ganz persönlichen Motiven, mehr über diese Form der Ernährung lernen zu wollen. Die meisten berichten davon, dass sie sich bei Spaziergängen schon oft gefragt haben, wie diese oder jene Pflanze heißt, ob sie essbar ist, wie sie schmeckt und welche medizinischen Wirkungen sie wohl hat. Viele der Seminarteilnehmer, auch die naturverbundenen unter ihnen, hielt bis dahin eine Art Schwellenangst davon ab, einmal mehr als nur ein paar Blättchen Bärlauch für den Kräuterquark zu pflücken. Es ist mein Anliegen, Ihnen, liebe Leser, mit diesem Buch über diese Schwelle hinwegzuhelfen.

Die Zeiten, in denen wir Menschen als Jäger und Sammler unterwegs waren, sind um ein Vielfaches länger als die des sesshaften und bequemen Lebens „auf dem Sofa" oder „im Büro". Indem wir uns heute wieder diesem archaischen Thema zuwenden, kehren wir auch ein Stück zu unseren eigenen Wurzeln zurück. Bei der Beschäftigung mit den essbaren Wildpflanzen geht es um weit mehr als nur um gesunde oder preisgünstige Nahrung: Eine tragende Rolle spielt unsere Verbundenheit mit der Natur und das Gefühl wahrhafter Ursprünglichkeit. Wer sich mit essbaren Wildpflanzen auskennt, kann sich überall als Gast der Natur willkommen fühlen und damit ein Stück weit unabhängiger, sicherer und gelassener durchs Leben gehen.

In diesem Sinne wünsche ich Ihnen viel Vergnügen beim Sammeln und einen guten Appetit!

Ihr Markus Strauß

Einführung

Wildpflanzen müssen sich, ohne die schützende Hand eines Gärtners oder Bauers, alleine auf sich gestellt an ihrem Standort gegen Wind und Wetter, die Konkurrenz anderer Pflanzen und gegen Fraßfeinde aus dem Tierreich behaupten. Das Ergebnis dieses Prozesses ist eine unglaubliche Vitalität und Widerstandskraft!

Im Vergleich mit unseren Kulturgemüsesorten enthalten Wildpflanzen oft ein Vielfaches an Vitaminen, Mineralien und Spurenelementen. Außerdem beinhalten sie wertvolle sekundäre Pflanzenstoffe wie ätherische Öle, Bitterstoffe und Enzyme. Wildgemüse ist daher eine echte Bereicherung für unseren Speiseplan.

Vergleich von Kulturgemüse und Wildgemüse*	Wassergehalt in %	Eiweiß g/100g	Kalium · K mg/100g	Phosphor · P mg/100g	Magnesium · Mg mg/100g	Calcium · Ca mg/100g	Eisen · Fe mg/100g	Vitamin C mg/100g	Provitamin A (Beta-Carotin) in µg Retinoläquivalenten/100g
Chinakohl	95,4	1,3	202	0	11	40	0,6	36	13
Weißkraut	92,1	0,2	227	27,5	23	46	0,5	46	7
Kopfsalat	95,0	0,6	224	33	11	37	1,1	13	130
Spinat	91,6	2,1	**633**	55	58	126	4,1	52	700
Gänseblümchen	87,5	2,6	600	88	33	190	2,7	87	160
Brennnessel	**84,8**	5,9	410	**105**	**71**	630	**7,8**	**333**	**740**
Giersch	87,2	**6,7**	510	88	67	230	4,3	201	684
Löwenzahn	89,9	3,3	590	68	23	50	1,2	115	384

* Quellen: W. Franke, Wildgemüse (AID 1987, Seite 8–11) und Hamburgische Landwirtschaft und Forsten (im Internet unter www.forst–hamburg.de): Werte für Giersch (Wasser, K, P, Mg, Ca, Fe) und Löwenzahn (Provitamin A).

Die in diesem Buch vorgestellten Wildpflanzen sind allesamt leicht und sicher zu erkennen. Detaillierte Beschreibungen und Fotos ergeben unverwechselbare Pflanzenporträts – auch für den botanischen Laien. Alle aufgeführten Pflanzen sind nahezu überall im deutschsprachigen Raum in großer Anzahl zu finden. Weiterhin wurde darauf geachtet, dass sich die Pflanzen durch eine lang andauernde Erntesaison auszeichnen – oder dem Sammler mit ihren unterschiedlichen Pflanzenteilen sogar ganzjährig zur Verfügung stehen.

Nähr- und Vitalstoffe in essbaren Wildpflanzen	Bärlauch	Breitwegerich	Brennnessel	Gänseblümchen	Gänsedistel	Gänse-Fingerkraut	Giersch	Löwenzahn	Vogelmiere	Schmalblättriges Weidenröschen	Roter Wiesen-Klee	Wiesen-Labkraut
Kohlenhydrate	• Z	• S	•• S			•• W		•• W			• Bl	
Fette/Öle		••• S	••• S									
Eiweiß			•••	•			•••	••			•	
Ballaststoffe	••	••• S, B	•••	•••	••	•••		••	•	••	••	••
Mineralien	•••	•••	•••	•••	••	•••	•••	•••	•••	••	••	••
Spurenelemente	•••	•••	•••	•••	••	•••	•••	•••	•••	••	••	••
Provitamin A (Beta-Carotin)			••	•			••		••	••	•••	
Vitamine der B-Gruppe			•••							•••		
Vitamin C	•••	••	•••	•	••	•••	•••	••	•	•••	•	•
Vitamin E			••• S, B									
Sekundäre Pflanzenstoffe	•••	•••	•••	•••	•••	•••	•••	•••	•••	•••	•••	•••

• = in für die Ernährung relevanten Mengen, •• = in sehr großen Mengen, ••• = in außergewöhnlich großen Mengen
Sofern nicht anders gekennzeichnet: **B** in den Blättern, **Bl** in den Blüten, **S** in den Samen, **W** in den Wurzeln, **Z** in der Zwiebel.

Was Sie zum Sammeln brauchen? Gar nicht so viel, wie Sie vielleicht denken. In erster Linie ist es die Bereitschaft, öfter hinaus in die Natur zu gehen und diese einmal mit anderen Augen zu betrachten. Wichtig dabei ist, einen Bezug zu „Ihren" essbaren Wildpflanzen in Ihrer unmittelbaren Heimat herzustellen. Wählen Sie zu Beginn einige wenige Pflanzen aus und lernen Sie deren Werden und Vergehen im Lauf der Jahreszeiten genau kennen. So finden Sie heraus, wann Sie an welcher Stelle junge Blätter, Sprossen, Blüten, Samen, Wurzeln oder Früchte sammeln können.

Auf Wildpflanzen ist Verlass: Sie gedeihen jedes Jahr. Sähen, pikieren, bewässern, düngen, hacken und jäten – das alles entfällt, man muss nur ernten! Schauen Sie sich doch einfach in Ihrer direkten Umgebung noch einmal neu um: Was wächst dort unter dem Gebüsch, am Wegesrand oder in der Hecke? Welche „Unkräuter" in meinem Garten kann ich in Zukunft einfach essen? Wachsen auf meinem Rasen Löwenzahn, Gänseblümchen und Breitwegerich?

Der zweite Band der Reihe „Natur & Genuss", der in Vorbereitung ist, widmet sich den Waldfrüchten, wie Eicheln, Bucheckern und Esskastanien. Damit ist auch die Versorgung mit Kohlenhydraten, Proteinen und Fetten aus der Natur sichergestellt und selbst die ganz hungrigen Wildpflanzen-Liebhaber können wirklich satt werden.

In diesem Zusammenhang wird deutlich: Eine Ernährung mit essbaren Wildpflanzen ist nicht nur besonders gesund, sondern auch vollwertig und reichhaltig, kann abwechslungsreich gestaltet werden – und ist außerordentlich lecker!

Praktische Tipps zum Sammeln und Zubereiten

Ideale Orte zum Sammeln sind ungedüngte Streuobstwiesen, Waldränder und ruhige Waldwege sowie verwildertes Ödland und Gebüsche. Dagegen kommen konventionell bewirtschaftete Felder (Spritzmittel!), viel befahrene Straßen und öffentliche Grünanlagen (die auch von Hunden gern besucht werden) für die Ernte der essbaren Wildpflanzen nicht in Frage.

Gartenbesitzer haben zudem die Möglichkeit, durch kontrolliertes Verwildern geeigneter Bereiche im eigenen Garten reichlich Wildgemüse zu ernten: Statt regelmäßigem Rasenmähen genügt es, diese Flächen drei bis maximal fünfmal pro Jahr mit einer Sichel oder Sense zu mähen. Durch diese Mahd – also das Mähen der Grünfläche – hält man die Pflanzen im Blattbildungsstadium fest und versetzt sie sozusagen in den „ewigen Frühling". Denn der Schwerpunkt der Pflanzenentwicklung liegt im Jahresverlauf zunächst bei der Blattbildung, gefolgt von der Blüte und der Produktion von Samen. Besonders Brennnessel, Giersch und Wiesen-Labkraut wachsen so immer wieder bis in den späten Herbst hinein frühlingszart nach. Wird hingegen zu oft gemäht, werden die Wildgemüse von Gräsern oder anderen Pflanzen wie dem Weiß-Klee verdrängt, die an diese Situation besser angepasst sind. Die drei- bis fünfmalige Mahd (und damit der Verzicht auf Blüte und Samenbildung) schadet dem Bestand nicht, da sie sich die Pflanzen noch vegetativ durch Wurzelausläufer vermehren können.

Blätter und Blüten sammelt man am besten morgens nach dem Abtrocknen des Taus. Der Gehalt an Nähr- und Vitalstoffen ist zu dieser Tageszeit am höchsten. Pressen Sie Ihre Ernte nicht in Plastiktüten oder luftdichte Dosen, sondern legen Sie die Pflanzen luftig und locker in einen Korb oder einen Stoffbeutel – dann kommen sie nicht ins Schwitzen.

Pflücken sie nur saubere Pflanzenteile und entfernen Sie am besten gleich an Ort und Stelle Verunreinigungen wie Erde, abgestorbenes Pflanzenmaterial oder versehentlich mitgeerntete Pflanzenteile anderer Arten. Wer auf diese Art und Weise draußen schon sorgfältig vorarbeitet, spart sich anschließend in der Küche das Aussortieren des Sammelguts. Zudem muss das Pflanzenmaterial dann auch nicht so lange gewässert werden – was den Verlust von wertvollen wasserlöslichen Vitaminen begrenzt. Zu Hause angekommen, beginnen Sie am besten bald mit der Verarbeitung Ihrer Ernte, so dass Sie in den Genuss möglichst aller Vitamine und Vitalstoffe kommen.

Die Rezeptideen im Buch sollen lediglich eine Orientierung sein und sind bewusst knapp gehalten. Es wird Ihnen im Lauf der Zeit leicht fallen, eigene Kreationen zu entwickeln. Auf Mengenangaben und detaillierte Zubereitungstechniken wurde zugunsten der Informationen zu den Pflanzen verzichtet. Die meisten Zubereitungen sind ähnlich wie für Spinat oder andere Blattgemüse. An dieser Stelle möchten wir auf die Vielzahl an Kochbüchern verweisen, in denen Platz für solche Hinweise ist. Am Ende des Buches finden Sie eine kleine Auswahl. Noch eine Anmerkung zur Verwendung von Rohrohrzucker in den Rezepten: Da weißer Zucker als Vitalstoffräuber bekannt ist, wäre es schade, diesen bei den vor Vitalstoffen strotzenden Wildpflanzen zu verwenden. Dennoch ist dies kein Muss und Rohrohrzucker hat zugegebenermaßen im Gegensatz zu weißem Zucker (oder braunem, der lediglich gefärbt, aber nicht vollwertig ist) einen Eigengeschmack, der nicht jedermanns Sache ist. Selbstverständlich bleibt es jedem von Ihnen überlassen, welchen Zucker oder auch welche natürlichen Alternativen Sie zum Süßen verwenden – auch bei den Rezeptvorschlägen hier im Buch.

3 Min   GARZEITEN   **20 Min**

FRÜHJAHR   junge Blätter   SOMMER   ältere Blätter   HERBST

3 Min   GARZEITEN   **20 Min**

Vogelmiere   Giersch   Breitwegerich

Brennnessel

Gänseblümchen

Gänse-Fingerkraut

Gänsedistel

Roter Wiesen-Klee

Wiesen-Labkraut

Löwenzahnblüten   Löwenzahnblätter   Schmalblättriges Weidenröschen

Zur Einschätzung der Garzeiten geben die obigen Abbildungen eine kleine Hilfestellung, je nach Erntezeitpunkt und Alter der Blätter sind diese entsprechend anzupassen. Als Faustregel gilt: Pflanzen, die im Frühjahr geerntet werden haben eine kürzere Garzeit als solche, die man im Sommer oder Herbst sammelt. Unabhängig von der Jahreszeit sind jüngere Blätter immer kürzer zu garen als ältere. Darüber hinaus ergeben sich durch die Pflanzenstruktur und den Bitterstoffgehalt verschiedene Garzeiten.

Hier noch ein Tipp für alle, die das Thema neu für sich entdeckt haben: Wie in den Tabellen auf Seite 8 und 9 gezeigt, enthalten Wildgemüse im Vergleich zu den heutigen Kulturgemüsesorten meist ein Vielfaches an Inhaltsstoffen. Zudem wurden beim Kulturgemüse im Verlauf der Züchtung manche der zwar äußerst gesunden, aber bitter schmeckenden Inhaltsstoffe gezielt weggezüchtet. Im Allgemeinen wirken die Wildgemüse stimulierend auf unser Verdauungssystem und fördern die Entgiftungs- und Ausscheidungsfunktionen. Dennoch ist es für Menschen mit einem empfindlichen Magen besser, diesen schrittweise an die noch ungewohnte Kost heranzuführen. Beginnen Sie anfangs mit kleineren Mengen und steigern Sie diese in Ihrem eigenen Tempo – so werden sich sowohl Ihre Geschmacksnerven als auch Ihr Verdauungssystem an die essbaren Wildpflanzen gewöhnen und Ihr Körper wird sie zunehmend schätzen lernen.

Bärlauch
Allium ursinum

Pflanzenporträt

Bärlauch gehört zur Familie der Zwiebelgewächse (Alliaceae) und ist damit ein enger Verwandter vieler unserer Kulturpflanzen wie Schnitt- und Knoblauch, Speisezwiebel und Porree.

Wuchs und Aussehen Ab dem zeitigen Frühjahr wachsen aus einer kleinen Zwiebel ca. 20 cm hohe, länglich-lanzettlich geformte Blätter. Jede Zwiebel bringt ein kleines Büschel dieser Blätter hervor. Einige Wochen später erscheinen aus der Mitte eine oder mehrere Sammelblüten, die zunächst in einer gemeinsamen Hülle verpackt sind. Nach dem Platzen der Hülle entfalten sich die kugeligen Scheindolden und die einzelnen weißen, sternförmigen Blüten öffnen sich. Sie verströmen einen intensiven Knoblauchgeruch. Nach der Blüte verändert sich das Erscheinungsbild der Pflanze sehr schnell: Die Samen reifen und fallen ab, die Blätter verfärben sich gelb und gehen ein. Wo im April noch überall Bärlauch stand, ist schon im Juni oberirdisch nichts mehr zu sehen – bis die Zwiebeln im kommenden Frühjahr wieder neu austreiben.

Typisch: Hat sich der Bärlauch erst einmal an einem Standort etabliert, vermehrt er sich massenhaft. Der Waldboden wird dann von März bis Mai mit einem dichten Blätterteppich bedeckt. Das sind die sogenannten „Bärlauchplätze".

Vorkommen Der Bärlauch wächst häufig in mitteleuropäischen Laubwäldern, er liebt humus- und nährstoffreiche, eher feuchte Standorte.

Charakteristische Inhaltsstoffe Bärlauch ist sehr reich an Mineralien und Spurenelementen (Kalium, Mangan, Eisen). Weiterhin enthalten sind Allicin, Vitamin C, Saponine, Flavonoide, Schleimstoffe und Zucker. Der im Allicin enthaltene Schwefel ist eine wichtige Grundlage für die Fähigkeit des Bärlauchs, entgiftend auf den Organismus zu wirken.

Vorbeugen und Heilen mit Bärlauch Für eine belebende und regenerierende Frühjahrskur ist Bärlauch ideal. Die Heilpflanze wirkt antibakteriell, antimyko-tisch, blutreinigend, entzündungshemmend, harntreibend, schleimlösend und den Stoffwechsel anregend. In der Volksmedizin wird Bärlauch traditionell zur Förderung der Verdauung, gegen Arteriosklerose sowie zur Senkung des Blutdrucks und des Cholesterinspiegels eingesetzt. Zur Ausleitung von Giftstoffen wird Bärlauch-Tinktur in der Alternativmedizin erfolgreich angewandt.

Sammeltipps

Hat man erst einmal „seinen" heimischen Bärlauchplatz im Wald gefunden, ist man in aller Regel gut versorgt. Aufgrund der zunehmenden Beliebtheit des Bärlauchs bei Wildpflanzensammlern sollte man jedoch einige Verhaltensregeln beherzigen:

Verwendete Pflanzenteile und Erntezeit Beim Bärlauch keine kompletten Büschel abernten. Besser ist es, an den jeweiligen Pflanzen maximal ein Drittel der Blätter zu pflücken. Gehen Sie beim Sammeln bitte zielgerichtet vor, damit die dichten Bestände der Pflanzen nicht unnötig zertrampelt werden.
Die Hauptsaison für den Bärlauch ist von März bis Mai; in warmen Lagen können Sie die schmackhaften Blätter schon ab Ende Februar ernten. Die Blüten erscheinen zwischen April und Mai, die Zwiebeln stehen von Juni bis Februar zur Verfügung.

Blätter	Hauptsaison für den Bärlauch ist März bis Mai
Blüten	Ende April / Mai
Zwiebeln	Juni – Februar

Mögliche Verwechslungsgefahr Leider ist es schon vorgekommen, dass der Bärlauch mit dem Maiglöckchen und auch mit der Herbstzeitlose verwechselt wurde. Diese Pflanzen sind beide stark giftig. Das sicherste Unterscheidungsmerkmal ist der Knoblauchgeruch: Alle Pflanzenteile des Bärlauchs, sowohl die Zwiebel als auch die Blätter, Stängel, Blüten und Samen riechen eindeutig und stark nach Knoblauch.

Bärlauch	Maiglöckchen (giftig)
Blattunterseite stumpf	Blattunterseite glänzend
Blatt weicher, am Rand oft etwas gewellt	Blatt härter, am Rand weniger gewellt
Kugelige Sammelblüte wächst in gemeinsamer Hülle heran	Einzelne Blüten sind am Stängel hintereinander aufgereiht
Jedes Blatt einzeln am Stiel, insgesamt aber im Büschel stehend	Blätter wachsen meist paarweise am Stiel
Alle Pflanzenteile: intensiver Knoblauchgeruch!	Kein Knoblauchgeruch

Rezepte

Bärlauch-Pesto Frische Bärlauchblätter und/oder –blüten klein schneiden. Zusammen mit kalt gepresstem Olivenöl, angerösteten Pinienkernen, Salz, Pfeffer, geriebenem Parmesan oder Pecorino in einem Mörser zu Pesto verarbeiten. Wem die Zubereitung im Mörser zu aufwendig ist, kann das Pesto auch mit dem Stabmixer zubereiten. Dann jedoch nur kurz anpürieren, weil sonst die Konsistenz zu musartig wird. Bärlauch-Pesto schmeckt lecker zu Nudeln! Mit Öl bedeckt hält es sich im Kühlschrank einige Tage lang.

Rezept-Tipp: Wenn Sie beim Pesto den Käse weglassen und es zuletzt mit einer Schicht Öl bedecken, können Sie es bis zu einem halben Jahr im Kühlschrank aufbewahren.

Bärlauch-Butter Butter oder Reformmargarine aus dem Kühlschrank nehmen und bei Zimmertemperatur weich werden lassen. Sehr fein gehackte, frische Bärlauchblätter, -blüten oder -zwiebeln mit der Butter vermengen. Nach Belieben salzen und einige Stunden, besser über Nacht, ziehen lassen. Bei der Aufbewahrung im Kühlschrank luftdicht verschließen, damit die anderen Lebensmittel den intensiven Knoblauchduft nicht annehmen. In Form von Butter lässt sich der Bärlauch sehr gut über einen längeren Zeitraum in der Gefriertruhe aufbewahren.

Bärlauch-Sauce In einer Pfanne aus Butter oder Öl und etwas Mehl eine Mehlschwitze herstellen. Diese mit Gemüsebrühe ablöschen und frische, klein gehackte Bärlauchblätter, -blüten oder -zwiebeln hinzugeben, salzen und pfeffern. Hervorragend zu Kartoffeln!

Bärlauch-Quark Ebenfalls sehr gut zu Kartoffeln passt ein Bärlauch-Quark: Den Quark nach Belieben salzen, pfeffern, eventuell mit Sahne oder Joghurt, Oliven- oder Kürbiskernöl verfeinern und frische, klein gehackte Bärlauchblätter unterheben.

Bärlauch-Dinkel-Suppe Dinkelkörner in reichlich Gemüsebrühe weich kochen. Gegen Ende der Garzeit Möhrenscheibchen oder -stäbchen zugeben. Zum Binden der Suppe entweder eine Mehlschwitze herstellen oder einige zerdrückte Kartoffeln unterrühren. Mit Salz, Pfeffer, Muskat, Curry, Chili, Sojasauce und einem großen Bund frisch gewiegtem Bärlauch würzen. Bei Verwendung von Bärlauchzwiebeln: diese klein hacken, in Öl glasig dünsten und das Öl-Bärlauch-Gemisch in die fertige Suppe geben.

Bärlauch als Gewürz Wo Sie mit Knoblauch würzen, können Sie auch Bärlauch einsetzen! Das Kraut muss allerdings immer frisch verwendet werden, da es beim Trocknen seine wertvollen Wirkstoffe verliert.

A. Allium ursinum L. Bären-Lauch.
B. Allium nigrum L. Schwarzer Lauch.

Breitwegerich
Plantago major

Pflanzenporträt

Der Breitwegerich ist ein Mitglied der Familie der Wegerichgewächse (Plantaginaceae), zu der auch die bekannte Heilpflanze Spitzwegerich (Plantago lanceolata) gehört. Alle mitteleuropäischen Wegericharten sind essbar. Die indogermanische Wortendung „–rich" bedeutet „König": Der Wegerich ist also der König der Wege. Der Pflanzenname weist damit sehr treffend auf sein Vorkommen hin (siehe unten).

Wuchs und Aussehen Die ausdauernde Staude besitzt rundliche, ungezähnte Blätter, die in einer Blattrosette angeordnet sind. Charakteristisch sind die sich kaum verzweigenden, dicken Leitbündel in den Blättern. Wenn man die Stängel abpflückt, hängen diese oft als Bart aus dem Stiel heraus. Bemerkenswert ist der große Unterschied zwischen Pflanzen an einem schattigen und feuchten Standort, zum Beispiel an einem Waldweg, und solchen auf einem sonnigen und trockenen Platz: Schattenpflanzen erreichen bis zu 30 cm Höhe, bilden größere und weichere Blätter, die eher aufgerichtet sind, während die gleiche Pflanzenart an einem sonnigen Standort oft nur wenige Zentimeter hoch wird und wesentlich kleinere Blätter ausbildet. Sie fühlen sich ledrig–derb an und liegen flacher am Boden.

Typisch: Die Blüten und die aus ihnen hervorgehenden Samenstände sehen aus wie kleine Antennen und wachsen aus der Mitte der Blattrosette heraus.

Vorkommen Breitwegerich macht sich auf Wegen breit und wächst vor allem auf Trittflächen: auf Trampelpfaden, im Rasen, auf Feld- und Waldwegen und deren Rändern. In ganz Mitteleuropa kann man das „Unkraut" finden, in den Alpen bis auf 2200 m Höhe. Die vitale Pionierpflanze besitzt eine hohe Toleranz gegenüber verdichteten Böden und Streusalz, was oft zu einem massenhaften Auftreten entlang von Straßen und Wegen führt. Der Breitwegerich produziert sehr viele Samen, was für Pionierpflanzen typisch ist. Eine Pflanze bildet insgesamt bis zu 40.000 Samen aus. Werden die Samen feucht, quellen sie stark auf und sind klebrig. So bleiben sie an Fußsohlen, Hufen und Rädern haften und verbreiten sich auf diese Weise – besonders auf und entlang von Wegen.

Charakteristische Inhaltsstoffe Hoher Gehalt an Glykosiden, weiterhin Gerbstoffe, Kieselsäure, Provitamin A, Vitamin B, C und K, Kalium und Zink. Die Samen sind reich an Öl und Schleimstoffen. Der nahe Verwandte Spitzwegerich enthält die gleichen Inhaltsstoffe, allerdings produziert dieser weniger Samen, was die Ernte mühsamer macht.

Vorbeugen und Heilen mit Breitwegerich Der hohe Gehalt an den oben genannten Inhaltsstoffen wirkt basisch und vitalisierend. Die antibakteriellen Eigenschaften werden auch beim nahen Verwandten des Breitwegerichs, dem Spitzwegerich, genutzt (in Form von frischen Blättern als Wundauflage oder als Tee bei Entzündungen von Mund- und Rachenschleimhäuten sowie äußerlich bei Hautentzündungen). Das enthaltene Vitamin K wirkt blutstillend. Eine Besonderheit besitzt die Hüllschicht (Spelzen) der extrem nahrhaften Samen: Sie quellen im Verdauungstrakt stark auf und besitzen dadurch eine darmreinigende sowie -regulierende Wirkung (sowohl bei Durchfall als auch bei Verstopfung). Dies wird vor allem beim Indischen Flohsamen (Plantago ovata) genutzt, einer anderen Wegerichart. Die Samen des Breitwegerichs wirken jedoch ähnlich.

Sammeltipps

Bei uns wächst Breitwegerich fast überall. Allerdings ist es ratsam, möglichst naturbelassene und eher einsame Orte aufzusuchen, um unbelastetes Gemüse ernten zu können. Hierfür bieten sich ruhige Wald- und Wiesenwege an. Zu Hause angekommen, sollten Sie das Sammelgut generell gründlich abbrausen und säubern.

Verwendete Pflanzenteile und Erntezeit In Indien, China und Südbrasilien wird Breitwegerich als Blattgemüse angebaut. Bei uns ist er als Nutzpflanze dagegen kaum bekannt. Blätter und Blütenknospen zeichnen sich durch einen angenehmen Pilzgeschmack aus, sie werden bei uns von April bis September geerntet. Die Samen sind sehr nahrhaft und schmecken nussig; zwischen August und Oktober sind sie ausgereift. Nach dem Sammeln werden die Stängel zunächst getrocknet. Jetzt wird „geworfelt"! Reiben Sie die Samenstände über einer großen Schüssel ab. Zur Trennung von Samen und Spelzen gehen Sie am besten mit der Schüssel ins Freie. Werfen Sie die Mischung aus Samen und Spelzen vorsichtig über der Schüssel in die Luft und blasen Sie dabei die feinen Spelzen (Hülsen) zur Seite, bis auf dem Boden der Schüssel nur noch die Samen zurückbleiben.

Blätter	Hauptsaison für den Breitwegerich ist April bis September
Samen	August – Oktober

Wegerich-Butter

Rezepte

Wegerich-Gemüse Zwiebelwürfel in Pflanzenöl andünsten und mit Gemüsebrühe ablöschen. Wegerichblätter und Blütenknospen in feine Streifen schneiden und zugeben. Mit Salz, Pfeffer, Muskat und Knoblauch würzen. Dann mit Sahne, Zitronensaft und einer Prise Rohrohrzucker verfeinern. Die Garzeit beträgt 20 Minuten auf kleiner Flamme. Sehr lecker zu Basmati- oder Naturreis!

Russischer Wegerich-Salat Für den Salat drei Teile junge Wegerich- und einen Teil Brennnesselblätter verwenden. Die Brennnesseln kurz überbrühen und alles in feine Streifen schneiden. Zwiebelwürfel zu den Blättern geben. Für das Dressing Sauerrahm mit Salz, Pfeffer und Apfelessig vermischen. Das Ganze mit frisch geriebenem Meerrettich abschmecken.

Wegerich-Butter Leicht geröstete Wegerichsamen mahlen und zu gleichen Teilen mit Butter oder Reformmargarine mischen, auf Wunsch leicht salzen. Wegerichbutter schmeckt ähnlich wie Erdnussbutter und ist ein leckerer und gesunder Brotaufstrich (siehe Abbildung).

Rezept-Tipp: Probieren Sie doch einmal die leicht gerösteten Wegerichsamen im Müsli! Auch selbst gebackenes Brot wird so verfeinert: einfach die Samen mit in den Teig geben.

Wegerich-Kapern Junge, noch nicht aufgeblühte Wegerich-Blütenstände waschen und von den Stängeln befreien. Dann die Köpfchen kurz in Estragonessig kochen und leicht salzen. In sterile Schraubdeckelgläser abfüllen und sofort verschließen. Die Kapern sind schon nach einigen Tagen Ruhezeit verzehrfertig und lange haltbar. Zur Lagerung die Gläser kühl und dunkel stellen. Die Blütenköpfe können wie echte Kapern in der Küche, aber auch als Antipasti verwendet werden. Mit den Wegerich-Kapern können geschmacklich ganz neue Akzente gesetzt werden, beispielsweise in Saucen oder Reisgerichten.

Rezept-Tipp: Mit dieser Zubereitung lassen sich auch Gänseblümchen-Kapern herstellen.

Großer Wegerich.

Brennnessel

Urtica dioica

Pflanzenporträt

Die Brennnessel gehört der Familie der Nesselgewächse (Urticaceae) an. Ihr Volksname „Hanfnessel" deutet auf die frühere Nutzung als Faserpflanze hin, ebenso der
Begriff „Nesseltuch": Bis ca. 1720 wurde die Brennnessel in Mitteleuropa als Faserpflanze angebaut. Das aus den Stängelfasern gewonnene Tuch ist etwas rau, aber sehr
strapazierfähig. Es eignete sich damit gut zur Herstellung von Berufskleidung oder
Zeltbahnstoffen.

Wuchs und Aussehen Aus einem ausdauernden, kriechenden Wurzelstock
wächst die bis zu 2 m hohe Staude. Neben den Brennhaaren sind als weitere
charakteristische Kennzeichen der vierkantige Stängel zu nennen und die eiförmig-
länglichen Blätter, deren Rand gesägt ist und die gegenständig an den Stielen stehen.
Die grünlichen, leicht hängenden Rispen wachsen aus den Blattachseln im oberen
Drittel der Pflanze. Die Brennnessel blüht von Juni bis Oktober; sie hat entweder
männliche oder weibliche Blüten.

*Typisch: Das bekannteste Erkennungsmerkmal sind die Brennhaare an Stängeln und
Blättern, nach denen die Brennnessel benannt wurde.*

Vorkommen Die Brennnessel ist überall in Mitteleuropa zahlreich vertreten. Besonders entlang von Feld- und Waldwegen, an Waldrändern, in Auwäldern, bei Hecken und an Zäunen kommt sie oft in Massenbeständen vor. Die Brennnessel ist ein typischer Stickstoffanzeiger, was bedeutet, dass sie nährstoffreiche Böden liebt.

Charakteristische Inhaltsstoffe Die Heilpflanze ist außerordentlich reich an organisch gebundenen Mineralstoffen wie Kalium, Phosphor, Silizium, Magnesium und ganz besonders Kalzium sowie Eisen. Zudem enthält sie sehr viel Vitamin C (dreimal so viel wie Grünkohl oder Brokkoli!) sowie reichlich Vitamin A und E, Eiweiß, pflanzliche Hormone (Phytohormone) und Enzyme. Auch die Samen sind sehr gehaltvoll: ca. 30 % fettes Öl (Linolsäure), Vitamin E, Schleimstoffe sowie Karotinoide.

Vorbeugen und Heilen mit Brennnessel Die Heilpflanze wirkt blutbildend, da das enthaltene Eisen für unseren Körper gut verfügbar ist. Der hohe Gehalt an Mineralstoffen macht sie basisch. Die harntreibende und blutreinigende Wirkung wird in der Volksmedizin für Entgiftungs- und Basenkuren genutzt. Das ist besonders im Frühjahr sehr zu empfehlen. Die Brennnessel enthält zudem viele Enzyme und pflanzliche Hormone mit folgenden Wirkungen: Vorbeugung gegen Krebs, Senkung des Blutzuckerspiegels, Hemmung von Entzündungen sowie Linderung von Prostatabeschwerden. Die gehaltvollen Samen werden in der alternativen Medizin auch als Aphrodisiakum eingesetzt. Die getrockneten Blätter eignen sich gut für Heiltees, die allerdings etwas herb schmecken. Sie haben eine stark diuretische Wirkung, verursachen also eine vermehrte Harnproduktion. Deswegen sind sie für Durchspülungstherapien bei Harnwegsinfekten gut geeignet. Dabei ist es wichtig, auf eine ausreichende Flüssigkeitszufuhr von mindestens zwei Litern zu achten.

Sammeltipps

Damit Sie sich beim Sammeln nicht „verbrennen", rüsten Sie sich mit Handschuhen, einer Schere und einem großen Korb.

Verwendete Pflanzenteile und Erntezeit Schneiden Sie die Triebspitzen der Nessel ab und legen diese locker in einen Korb oder Stoffbeutel. Zu Hause taucht man die Triebspitzen zum Waschen in klares Wasser. Damit die Nesseln nicht mehr brennen, werden sie jetzt entweder mit einem Wellholz kräftig gewalkt oder noch einfacher: mit heißem Wasser kurz überbrüht. Keine Angst! Sie brennen jetzt nicht mehr und können gefahrlos weiterverarbeitet werden.

Die Blätter und Triebspitzen können von April bis Anfang August gesammelt werden, die ersten Blättchen schon ab März. Dabei erntet man das obere Drittel der Triebe: Hier ist der Gehalt an wertvollen Inhaltsstoffen am größten. Ab Juni können Sie auch die Blüten ernten. Sie wachsen ebenfalls im oberen Drittel der Pflanze. Die schmackhaften und nährstoffreichen Samen stehen im Herbst zur Verfügung (September/ Oktober). Wird die Brennnessel drei- bis fünfmal im Jahr gemäht, treibt sie immer wieder neue zarte Blätter und Triebe. So kann die Ernte bis zum ersten Frost verlängert werden.

Blätter	Hauptsaison ist April bis Anfang August, erste Blätter ab März
Triebspitzen	April bis Anfang August
Samen	Ende August / September – Oktober

Rezepte

Brennnessel-Giersch-Gemüse Für diesen köstlichen Wildgemüse-Spinat werden Brennnesseln und Giersch zu gleichen Teilen verwendet. Die Brennnesselblätter und -triebspitzen kurz überbrühen und klein schneiden. Gierschblätter und -stängel ebenfalls klein schneiden. In der Pfanne Zwiebelwürfel in Oliven- oder Sonnenblumenöl dünsten. Das Gemüse zugeben, zusammenfallen lassen und mit Wasser oder Gemüsebrühe ablöschen. Etwa 15 Minuten auf kleiner Flamme köcheln, dabei eventuell etwas Wasser nachgießen. Zum Würzen Salz, Pfeffer, Muskat und Knoblauch (am besten frisch gepresst) oder Bärlauch und eine Prise Rohrohrzucker verwenden. Mit Schmand oder Sahne verfeinern.

Brennnessel-Kartoffel-Suppe Kartoffeln schälen, in kleine Würfel schneiden und in Gemüsebrühe weich kochen. Mit dem Kartoffelstampfer zerdrücken. Brennnesselblätter und -triebspitzen mit heißem Wasser kurz überbrühen, dann klein schneiden und in der Suppe für ca. fünf Minuten mitköcheln. Mit Salz, Pfeffer, Muskat, Knoblauch oder Bärlauch und Liebstöckel würzen. Zur Verfeinerung Schmand oder Sahne zugeben und mit einer Prise Rohrohrzucker und etwas Zitronensaft abrunden.

Deftiger Brennnessel-Kuchen Einen Hefeteig dünn ausrollen und in eine gefettete Springform legen. Für die Füllung die Brennnesselblätter überbrühen und fein schneiden. In einer Pfanne Zwiebelwürfel in Olivenöl andünsten. Dann die Brennnesseln und etwas Gemüsebrühe hinzugeben und die Blätter zusammenfallen lassen. In einer Schüssel drei Eier und einen Becher Sahne verquirlen und mit Salz, Pfeffer, Muskat und Knoblauch würzen. Brennnesselblätter untermischen und die Springform damit füllen. Parmesankäse darüberstreuen und/oder mit Mozzarella-Scheiben belegen. Im vorgeheizten Backofen bei 175 °C für etwa 30–40 Minuten backen. Für dieses Rezept ist auch Giersch geeignet.

Brennnessel-Tempura Aus Eiern, Mehl, Milch und etwas Salz einen Pfannkuchenteig herstellen. Einzelne Brennnessel-Blätter oder auch ganze Triebspitzen in den Pfannkuchenteig tauchen und in heißem Pflanzenöl ausbacken. Dazu passen diverse Dips und Kräuterquark oder einfach nur Sojasauce. Eine ideale Vorspeise, die auch als Snack oder Fingerfood gereicht werden kann.

Brennnessel-Frühstücks-Saft Aus Brennnessel-Triebspitzen, süßen Äpfeln und Möhren einen Saft pressen und diesen mit etwas kalt gepresstem Pflanzenöl (damit die fettlöslichen Vitamine aufgeschlossen werden) und frischem Zitronensaft abschmecken.

Brennnessel-Tee In der Zeit von April bis Anfang August wird das obere Drittel der Triebe morgens geerntet und in kleinen Büscheln im Schatten zum Trocknen aufgehängt. Sind die Blätter getrocknet, können diese mit bloßen Händen abgerebelt werden; die Nessel brennt dann nicht mehr. Das gerebelte Kraut noch für zwei bis drei Tage in einer offenen Schachtel zum Nachtrocknen stehen lassen, dann kann es in Tüten oder Teedosen als Wintervorrat verpackt werden.

Gänseblümchen
Bellis perennis

Pflanzenporträt

Das Gänseblümchen gehört der Familie der Korbblütler an (Asteraceae). Das kleine Blümchen ist etwas Besonderes, denn es vermag – sofern nicht von einer Schneedecke bedeckt – das ganze Jahr hindurch zu blühen. Der Botaniker Carl von Linné bedachte es daher mit einem sehr treffenden und zudem wohlklingenden Namen: Bellis perennis, was „die schöne Ausdauernde" bedeutet. Besonders auf Kinder übt es eine große Anziehungskraft aus, es ist sozusagen die typische Kinderblume. Erwachsene bevorzugen zumeist die aus dem Gänseblümchen gezüchtete Zierpflanze „Bellis", die es in weiß, rosa oder rot im Frühjahr beim Gärtner zu kaufen gibt.

Wuchs und Aussehen Die einzelnen Gänseblümchen wachsen aus einer ausdauernden, bodenständigen Blattrosette heraus und werden bis zu 15 cm hoch. Die Blütenstängel sind unverzweigt, leicht behaart und tragen jeweils eine einzige Blüte. Um das goldgelbe Köpfchen herum sind längliche, weiße, zuweilen auch rosafarbene Blütenblätter strahlenförmig angeordnet. Die kleinen Blüten haben einen maximalen Durchmesser von 2 cm.

Typisch: Das Aussehen der Blattrosette als Ganzes ist dem Feldsalat sehr ähnlich. Die einzelnen Blätter haben jedoch keinen glatten Rand, sondern sind stumpf gezähnt und leicht behaart.

Vorkommen Das Gänseblümchen liebt nährstoffreiche, sonnige und halbschattige Standorte auf gemähten Wiesen und Rasenflächen. Es ist eine sehr häufig anzutreffende Pflanze, die mitunter ganze Teppiche ausbildet. Von Natur aus ist das kleine Blümchen eine rein europäische Pflanze. Im Zuge der Kolonisierung hat sich die Pflanze jedoch weltweit ausgebreitet und ist heute in allen Gebieten mit gemäßigtem Klima heimisch, bis hin an die Pazifikküsten Kanadas und Neuseelands.

Charakteristische Inhaltsstoffe Die Heilpflanze ist reich an wertvollen Mineralstoffen wie Kalzium, Phosphor, Eisen, Kalium und Magnesium. Außerdem enthält das Gänseblümchen viel Vitamin C, Provitamin A, Eiweiß, Gerb- und Bitterstoffe, Saponine sowie Schleimstoffe.

Vorbeugen und Heilen mit Gänseblümchen Aufgrund der hohen Dichte an wichtigen Nähr- und Wirkstoffen spielt das Gänseblümchen in der Naturheilkunde eine wichtige Rolle. Die Pflanze wirkt blutreinigend, entwässernd und stoffwechselanregend – diese Eigenschaften machen das Gänseblümchen zum traditionellen Bestandteil von Frühjahrskuren. Weiterhin wirkt es entkrampfend und stillt den Hustenreiz.

Sammeltipps

Das Gänseblümchen hat fast ganzjährig Erntesaison! Nur bei gefrorenem Boden lassen sich die Blattrosetten schwer ernten.

Verwendete Pflanzenteile und Erntezeit Ähnlich wie beim Feldsalat werden die Blattrosetten mit einem kleinen Küchenmesser an der Erdoberfläche abgestochen. Man befreit sie möglichst schon draußen auf der Wiese von Grashalmen oder abgestorbenen Blättchen, das erleichtert die spätere Arbeit in der Küche.
Die Blüten des Gänseblümchens erscheinen in milden Wintern schon ab Ende Januar zur Schneeglöckchenzeit und stehen daher ebenfalls fast ganzjährig zur Verfügung. Hauptsaison für die Blüten ist natürlich der Frühling. Wer Blütenknospen in Öl einlegen oder Kapern daraus herstellen möchte, sollte ebenfalls in der Zeit von Ende März bis Juni sammeln gehen.

Blüten	erste Blüten im März, bis zum Winterbeginn
Blätter	Hauptsaison ist der Frühling, geerntet werden können sie aber fast ganzjährig

Rezepte

Gänseblümchen-Gemüse Gänseblümchen-Blüten in etwas Wasser auf kleiner Flamme sanft dünsten. Die Blütenköpfe sollten noch Biss haben. Etwas Wasser mit Sahne und Mehl glatt rühren. Die verbleibende Flüssigkeit vom Blütengemüse damit abbinden. Mit Salz, Pfeffer und etwas Zitronensaft würzen.

Aus diesem Gemüse lässt sich auch eine leckere Gänseblümchen-Suppe zubereiten: Einfach mit Gemüsebrühe auffüllen und dann mit Crème fraîche und frisch gehackten Gänseblümchen-Blättern servieren.

Gänseblümchen-Salat

Gänseblümchen-Salat Die großen Blattrosetten auseinanderzupfen, kleinere können auch ganz verwendet werden. Gründlich waschen und abtropfen lassen. Als Dressing passt eine Vinaigrette aus Olivenöl und Balsamessig, etwas Salz und Pfeffer. Lecker ist auch eine Joghurtsauce mit frisch gepresstem Knoblauch, Salz, Pfeffer, Zitronensaft und etwas Süßungsmittel wie Ahornsirup, Agavendicksaft oder Rohrrohrzucker. Zuletzt mit den dekorativen Gänseblümchenblüten bestreuen.

Gänseblümchen in Öl eingelegt Gläser mit Schraubdeckel reinigen und auskochen. Die jungen, noch geschlossenen Blütenköpfe waschen und die Stängel entfernen. Die Blüten acht bis zehn Minuten in Salzwasser kochen, danach absieben und in die sterilen Gläser füllen. Mit kalt gepresstem Olivenöl bis unter den Rand auffüllen und sofort fest verschließen.

Als Variation können auch Chilischoten, grüne Pfefferkörner oder Knoblauchzehen im Salzwasser mitgekocht und zusammen mit den Gänseblümchen eingelegt werden. In Öl haltbar gemachte Gänseblümchen lassen sich über ein Jahr lang aufbewahren. Sie können für Salatsaucen, als Beigabe zu Kartoffelgerichten oder pur als Antipasti verwendet werden.

Kapern von Gänseblümchen Aus den jungen, noch geschlossenen Blütenköpfen lassen sich Kapern herstellen, wie im Rezept auf Seite 21 beim Breitwegerich beschrieben.

Gänseblümchen-Eiswürfel Ein dekorativer Tipp zur Kühlung Ihrer Getränke im Sommer: In eine Eiswürfelform pro Würfel eine Blüte legen und mit Wasser auffüllen.

Gänsedistel

Sonchus asper

Pflanzenporträt

Die Gänsedistel ist ein Korbblütengewächs (Asteraceae) und wird traditionell als Wildgemüse genutzt. Ihr volkstümlicher Name „Gemüsedistel" bezeugt diese früher übliche Verwendung.

Wuchs und Aussehen Die einjährige Pflanze wächst nach der Keimung im Frühjahr an günstigen Standorten innerhalb weniger Wochen zu stattlichen, bis zu 90 cm hohen Exemplaren heran. In Einzelstellung bilden sich große Solitärpflanzen, die stark verzweigt und reich belaubt sind. Je nach Standort und Üppigkeit der Pflanze ist der Stängel dünn wie eine Stricknadel oder auch daumendick. Dickere Stängel sind deutlich kantiger als die dünnen. Die Hungerformen an mageren Standorten bestehen scheinbar nur aus dünnen Stängeln, die am Ende ein paar kleine Blüten aufweisen. Die Wuchsform der Pflanze ist aufrecht. Die Oberseite der Blätter ist glänzend dunkelgrün, die Unterseite silbergrau gefärbt. Die Blattränder der Distel sind gezähnt, wobei die einzelnen Zähne zu dornenartigen Gebilden auslaufen. Die Dornen der Gänsedistel sind jedoch weich, sodass Sie die Pflanze mit bloßen Händen anfassen und auch ernten können, ohne sich zu verletzen. Die Blüten sind ca. 1 cm groß, gelb und zeichnen sich durch einen bauchig verdickten, grünen Blütenboden aus. Alle Pflanzenteile, besonders die Stängel, enthalten einen dünnflüssigen Milchsaft, der sich an der Luft braun verfärbt.

Vorkommen Die Gänsedistel ist ein typisches Garten- und Ackerbegleitkraut. Das häufige Vorkommen und der üppige Wuchs erleichtern das Sammeln. Das einjährige Wildgemüse wächst oft zusammen mit den angebauten einjährigen Kulturpflanzen und kann diesen unter Umständen Konkurrenz machen. Auf mageren Böden kommt die Heilpflanze zwar vor, gedeiht aber nur kümmerlich. Auf schweren, nährstoffreichen Lehm- und Tonböden hingegen entwickeln sich die großen, prächtigen Exemplare.

Charakteristische Inhaltsstoffe Etwas Bitterstoffe, Kautschuk (im Milchsaft), Eisen, Vitamin C, reich an Mineralien und Spurenelementen.

Vorbeugen und Heilen mit Gänsedistel Die Heilpflanze wurde früher schon von Plinius dem Älteren geschätzt. Ihr Milchsaft wurde, ähnlich wie beim Schöllkraut, zur Behandlung von Warzen empfohlen. Der Genuss der Pflanze soll sich anregend auf die Leberfunktion auswirken. Sie besitzt ähnliche Inhaltsstoffe wie die mit ihr verwandte „Mariendistel", die heute als Lebertherapeutikum eingesetzt wird. Leider sind die Heilwirkungen der Gänsedistel in Vergessenheit geraten und sie spielt weder in der Pflanzen- noch in der Volksheilkunde eine entsprechende Rolle. Das Sammeln dieser Wildpflanze lohnt sich aber allemal – der angenehme, mild-würzige Geschmack ist köstlich!

Sammeltipps

Alle oberirdischen Pflanzenteile der Gänsedistel sind essbar: Stängel, Blätter und Blüten.

Verwendete Pflanzenteile und Erntezeit Im Unterschied zu Zwiebel- oder Staudenpflanzen, die schon im zeitigen Frühjahr aus den bereits bestehenden, unterirdischen Pflanzenteilen herauswachsen, braucht die einjährige Gänsedistel erst einmal etwas Anlaufzeit für Keimung und Aufwuchs. Daher beginnt die Erntesaison etwas später: Die Sammelzeit beginnt ab Mai und dauert an bis zum ersten strengen Frost, oft bis in den Dezember hinein. Die Wildpflanzen bleiben bis zuletzt saftig und weich. Das unterscheidet sie von manch anderen Pflanzen, die gegen Ende der Vegetationsperiode immer faseriger werden. Das Wildgemüse steht uns folglich während sieben bis acht Monaten zur Verfügung: eine lange Erntezeit!

Da die Blüten sehr klein sind, würde es viel Aufwand bedeuten, daraus ein eigenes Gericht zu kochen. Die hübschen gelben Blumen eignen sich vielmehr als dekorative Beimischung in Salaten oder zur Verzierung von kalten Platten.

Aufgrund der unterschiedlichen Garzeiten sollten Blätter und Stängel nach der Ernte getrennt werden. Wenn Sie die Gänsedistelblätter roh verzehren, sollten Sie die Dornen an den Blatträndern mit einer Schere abschneiden. Bei der Zubereitung von Gemüsegerichten ist das nicht notwendig, da die Dornen während des Dünstens vollkommen weich werden und nicht mehr stören können.

Stängel und Blätter	ab Mai bis zum ersten strengen Frost
Blüten	Juni – November / Dezember

Rezepte

Gänsedistel-Gemüse Stängel und Blätter gründlich waschen und klein schneiden. In der Pfanne Zwiebelwürfel in gutem Öl glasig dünsten. Mit Gemüsebrühe, etwas Weißwein und Sahne ablöschen und das Gemüse (zuerst die Stängel, dann die Blätter) hinzugeben. Nach fünf bis acht Minuten ist das Gemüse gar. Je nach Geschmack würzen: mit Salz, Pfeffer, Knoblauch und etwas Zitronensaft oder asiatisch mit Currypulver, Chili, Sojasauce, Erdnusscreme oder Kokosmilch. Je nachdem passen als Beilage Reis, Hirse oder Kartoffelbrei.

Rezept-Tipp: Gänsedisteln zeichnen sich durch eine kurze Garzeit aus: Gedünstet ist das leckere Gemüse schon nach fünf bis acht Minuten verzehrbereit!

Gänsedistel-Salat Für die Zubereitung eines Salats können sowohl die knackigen Stängel als auch die Blätter und Blüten verwendet werden. Dabei empfiehlt es sich, die Stängel in feine Scheiben zu schneiden und die Blätter mit einer Schere von ihrem Dornensaum zu befreien. Da der Eigengeschmack der Gänsedistel mild-aromatisch ist, lässt sie sich mit den verschiedensten Arten von Salatsaucen anrichten. Der fertige Salat kann dann mit den kleinen abgezupften Blütenblättern der Pflanze dekorativ bestreut werden.

Gänsedistel-„Cannelloni"-Auflauf Die „Cannelloni" bestehen in diesem Fall nicht aus Röhrennudeln, sondern aus kräftigen Stängeln von besonders üppig gewachsenen Gänsedisteln. Zunächst werden die Stiele so zugeschnitten, dass sie später in eine Auflaufform passen. Dann die knackigen Stängel in einer flachen Pfanne in etwas Gemüsebrühe vorkochen, bis sie halb gar sind. Die Brühe können Sie abgekühlt als Gänsedistelwasser trinken – dem darin enthaltenen Milchsaft werden Heilwirkungen zugesprochen (u. a. bei Leberschwäche und Sodbrennen). Mithilfe einer Spaghetti-zange lässt sich leicht feststellen, wann die Stängel soweit sind: Dazu die Stiele waa-gerecht in der Mitte festhalten. Biegen sich die Enden leicht nach unten, können die Stängel in eine Auflaufform geschichtet werden. Für den Guss Eier und Schmand oder Sahne, gedünstete Zwiebeln, Knoblauch, Salz, Pfeffer, Paprika und etwas Zitronensaft verquirlen. Über das Gemüse gießen und den Auflauf mit Mozzarella- und Tomaten-scheiben belegen. Mit Parmesankäse bestreut ca. 20 Minuten bei 180 °C im Backofen gratinieren.

Gefüllte Paprika, Zucchini oder Auberginen Das Gänsedistel-Gemüse wie oben beschrieben zubereiten. Im Verhältnis von 2/3 Gemüse und 1/3 gegartem Naturreis oder Hirse eine Füllmasse herstellen. Nochmals abschmecken und gegebenenfalls nachwürzen. Den Paprikaschoten den Deckel abschneiden und aushöhlen, Zucchini und Auberginen halbieren und etwa zur Hälfte aushöhlen. Aus dem klein gehackten Fruchtfleisch kann eine einfache Tomatensauce angefertigt werden, die gut zu diesem Gericht passt. Das Gemüse mit der Gänsedistel-Mischung füllen. Zucchini und Auber-ginen wieder zusammenfügen, den Paprikaschoten den Deckel aufsetzen. Das Gemüse nun in eine Auflaufform mit Deckel platzieren, etwas Gemüsebrühe und Olivenöl angießen und zugedeckt im Backofen bei 180 °C garen. Die Garzeit variiert je nach Art und Größe der verwendeten Gemüsesorte: Tomaten sind beispielsweise schneller fertig als Auberginen. Als grobe Richtzeit gelten 20 Minuten.

33

Gänse-Fingerkraut

Potentilla anserina

Pflanzenporträt

Das Gänse-Fingerkraut, auch Anserine genannt, ist ein Rosengewächs (Rosaceae) und überall im gemäßigten Klima der Nordhalbkugel heimisch. Der Volksname „Krampf-kraut" weist auf die alte Verwendung als krampflösende Heilpflanze hin.

Wuchs und Aussehen Bei einzeln stehenden Pflanzen ist die rosettenartige Anordnung der Fiederblätter gut zu erkennen. Ähnlich einer Erdbeerpflanze bildet das Gänse-Fingerkraut von dieser Rosette aus viele, zum Teil bis zu 1 m lange Ausläufer. Diese bewurzeln sich an den Knotenpunkten und treiben neue Blätter und Blüten. Auf diese Weise kann sich die Wildpflanze sehr effektiv und schnell vermehren. Mitunter breitet sie sich teppichartig aus und nimmt ganze Standorte für sich alleine in Anspruch. Die mit 7–20 Lappen einfach gefiederten Blätter haben einen gesägten Rand. Gelbe Blüten wachsen an langen Stielen aus den Knotenpunkten der Ausläufer und erscheinen mit fünf Blütenblättern, wie es für Rosengewächse typisch ist. Bei Regenwetter schließen sich die Blüten etwas, nachts ganz.

Typisch: Die Blätter des Gänse-Fingerkrauts haben ein charakteristisches Merkmal: Die Oberseite ist grün, die Blattunterseite silbrig-weiß behaart.

Vorkommen Das Gänse-Fingerkraut ist in ganz Mitteleuropa ein weitverbreitetes Garten-, Wiesen- und Ackerkraut. Es gedeiht bevorzugt auf schweren, eher verdichteten und nährstoffreichen Böden und ist Teil von Wiesengesellschaften. An Rändern von Feld- und Wiesenwegen und auf Ödland bildet es gerne Massenbestände.

Charakteristische Inhaltsstoffe Gänse-Fingerkraut ist außerordentlich reich an Vitamin C (siehe Tabelle, Seite 9). Charakteristisch ist des Weiteren ein sehr hoher Gehalt an Gerb- und Bitterstoffen, besonders in den Blättern der Pflanze. Darüber hinaus sind Schleimstoffe, Flavonoide und Kumarine zu nennen.

Vorbeugen und Heilen mit Gänse-Fingerkaut Die genannten Inhaltsstoffe wirken adstringierend, krampflösend und schmerzstillend. Das Heilkraut hilft bei Durchfällen und Menstruationsbeschwerden, es wird auch für Mundspülungen genutzt. Bei diesen Indikationen wird das Gänse-Fingerkraut sowohl traditionell als auch aktuell anerkannt in der Pflanzenheilkunde eingesetzt.

Sammeltipps

Gänse-Fingerkraut sollte nicht als alleiniger Bestandteil einer Mahlzeit verarbeitet werden. Besser ist es, Kombinationen mit anderen, mild-aromatischen Wildpflanzen wie Brennnessel, Giersch und Vogelmiere zusammenzustellen. Dabei sollte der Anteil der jungen Gänse-Fingerkrautblätter ein Viertel der Gesamtmenge nicht übersteigen.

Verwendete Pflanzenteile und Erntezeit Vom Gänse-Fingerkraut können sowohl die jungen Blätter als auch die Wurzelknollen in der Küche verwendet werden. Aufgrund des hohen Gehalts an Bitterstoffen sind die Blätter sehr gesund, schmecken aber auch etwas bitter. Bevorzugen Sie bei der Ernte daher immer die jungen Blättchen: Sie schmecken milder und sind von April bis Oktober reichlich zu finden. Ab September bis zum folgenden Frühjahr hinein erntet man die knollenartig verdickten Wurzeln. Diese schmecken im rohen Zustand nach Nüssen; gegart wird der Geschmack süßlich.

Blätter	April – Oktober
Wurzeln	Saison ist von Oktober bis zum kommenden Frühjahr

Rezepte

Mischgemüse Junge Blätter von Giersch, Brennnessel, Vogelmiere und Gänse-Fingerkraut (maximal 25 %) sammeln und waschen. Brennnesseln überbrühen und alles klein schneiden. In einem Topf Zwiebelwürfel mit Sonnenblumen- oder Pinienkernen in Öl andünsten. Mit Gemüsebrühe ablöschen und Gänse-Fingerkraut, Giersch und Brennnessel hinzugeben, nach fünf Minuten Garzeit folgt die Vogelmiere. Gemüse gar köcheln und nach Belieben mit Sahne und/oder Erdnusscreme verfeinern. Mit Salz, Pfeffer, Muskat, Knoblauch und einer Prise Rohrohrzucker abschmecken.

Anserinen-Kartoffel-Brei

Anserinen-Kartoffel-Brei Mehlig kochende Pellkartoffeln zubereiten und fein zerdrücken. Zwiebeln in einer Pfanne in Öl andünsten und mit Gemüsebrühe ablöschen. Die jungen Blätter des Gänse-Fingerkrauts (Anserine) klein schneiden und zugeben, bei schwacher Hitze etwa zwölf Minuten köcheln lassen. Mit Salz, Pfeffer, Muskat, eventuell Currypulver und Knoblauch abschmecken. Das fertige Anserinen-Gemüse nun unter das Kartoffelmus heben und zuletzt mit Sahne verfeinern.
Bei diesem Gericht kann das Gänsefingerkraut pur verwendet werden. Angenehm abgemildert durch den hohen Kartoffelanteil und die Sahne, verleiht es dem Gericht eine ganz besondere Geschmacksnote. Das Verhältnis von Kartoffelmus zu Anserinen-Gemüse wählen Sie am besten nach eigenem Geschmack.

Rezept-Tipp: Diese Kartoffelbrei-Variation eignet sich auch für andere Wildpflanzen wie Bärlauch, Giersch, Brennnessel, Löwenzahn, Vogelmiere, Roten Wiesen-Klee und Weidenröschen.

Wurzelknollen-Gemüse Die Wurzelknollen kurz in lauwarmem Wasser einweichen, damit sich die Erde besser löst, dann gründlich mit einer Gemüsebürste säubern. Je nach Belieben können die Wurzelknollen am Stück zubereitet oder klein geschnitten werden. In einer Pfanne feine Zwiebelwürfel in Öl glasig andünsten. Dann die Wurzelknollen hinzufügen. Mit etwas Wasser und Sojasauce ablöschen, salzen und pfeffern. Das Gericht entweder auf europäische Art mit Thymian, Majoran und Rosmarin abschmecken oder es mit Currypulver oder Garam Masala, Erdnusscreme oder Kokosmilch auf asiatische Art zubereiten.

Smoothie „Anserina" Gänse-Fingerkraut-Blätter mit Bananen und Äpfeln sowie etwas Wasser, Zitronensaft und Sahne im Mixer zu einem Smoothie verarbeiten.

Giersch
Aegopodium podagraria

Pflanzenporträt

Der Giersch gehört zur Familie der Doldenblütler (Apiaceae). Der Geschmack erinnert an Petersilie oder Sellerie, die beide zur selben Pflanzenfamilie zählen. Traditionell wurde Giersch als ertragreiches Wildgemüse, aber auch als Heilpflanze geschätzt. Schon die Römer kannten Giersch als Gemüse. Sein anderer Name „Geißfuß" bezieht sich auf die noch nicht ganz entwickelte Blattform (siehe unten), die dem Hufabdruck einer Geiß, also einer Ziege, ähnelt.

Wuchs und Aussehen Giersch ist eine mehrjährige Staude. Die Wildpflanze ist sehr vital und wuchsfreudig; sie kann bis zu 1 m hoch werden. Die Vermehrung erfolgt sowohl über Samen als auch durch Ausläufer des Wurzelstocks. Die Grundform der Blätter ist immer dreiteilig: Meistens sind die Blätter doppelt dreiteilig, seltener einfach dreiteilig. Die seitlichen Blattteile sind häufig noch nicht ganz vom mittleren Blatt getrennt. So entsteht eine Blattform, die an einen „Geißfuß" erinnert. Die einzelnen Blattteile haben eine lanzettartige Form, die Blattränder sind deutlich gezähnt. Alte Blätter können bis zu 20 cm lang werden. Der Blattstiel hat einen dreieckigen Querschnitt. Der Stielansatz der Seitentriebe ist so erweitert, dass er den Haupttrieb der Pflanze umfasst. Dieser ist im Querschnitt rundlich und innen hohl. Die Blüte ist weiß und als flache Dolde ausgebildet (die im Bild oben sichtbaren Blüten gehören jedoch zu einer Vogelmiere, die ihren Standort hier mit dem Giersch teilt).

Typisch: Sie können Giersch mithilfe des Geruchs bestimmen: Die ganze Pflanze verströmt einen Duft, der an Petersilie erinnert.

Vorkommen Der Giersch ist in den feucht-gemäßigten Gebieten Europas und Asiens beheimatet, er hat sich mittlerweile aber auch in Nordamerika verbreitet. Sie finden die Wildpflanze beinahe in jedem Garten oder Park, unter Hecken und Gebüschen, in lichten Wäldern und am Waldrand. Sie bevorzugt zwar feuchte und nährstoffreiche Standorte, ist aber auch an weniger vorteilhaften Plätzen oft anzutreffen. Giersch ist eine der vitalsten Pflanzen überhaupt und kann ganze Flächen für sich in Anspruch nehmen.

Den meisten Gärtnern ist das „Unkraut" ein Dorn im Auge. Der Versuch, dem Giersch durch Jäten beizukommen ist zum Scheitern verurteilt – die Wurzeln sind zerbrechlich und aus jedem kleinen Reststück geht eine neue Pflanze hervor. Es ist klüger, das Thema von einem anderen Standpunkt aus zu betrachten: Freunden Sie sich doch mit dem Giersch an, begrüßen Sie ihn als schmuckes, gesundes und nahrhaftes Dauergemüse – und hauen Sie ihn dann „in die Pfanne"!

Charakteristische Inhaltsstoffe Das Wildgemüse enthält doppelt so viel Vitamin C wie der dafür bekannte Grünkohl! Des Weiteren besitzt Giersch sehr viel Provitamin A, Eiweiß und außergewöhnlich hohe Werte an Mineralstoffen und Spurenelementen, besonders Eisen, Mangan, Kupfer, Titan und Bor. Ätherische Öle und Kumarine erzeugen den typischen Duft der Pflanze.

Vorbeugen und Heilen mit Giersch Die Volksnamen „Zipperleinskraut" und „Gichtkraut" weisen auf die Bedeutung als Heilpflanze hin. Der Artname „podagraria" ist auf den griechisch-lateinischen Begriff „podagra" zurückzuführen, der „Gicht" bedeutet. Hildegard von Bingen pries im Mittelalter die unverwüstliche Lebenskraft der Pflanze und auch in Klostergärten wurde das Wildkraut kultiviert. Die Heilwirkungen werden wie folgt beschrieben: verdauungsanregend, harnsäurelösend (ein wichtiger Aspekt bei Gicht) und harntreibend, abführend, antirheumatisch, entwässernd und entzündungshemmend.

Sammeltipps

Da Giersch oft in Massenbeständen wächst, ist die Ernte in der Regel schnell erledigt. Giersch fällt beim Erhitzen ähnlich schnell in sich zusammen wie Spinat. Gehen Sie also beim Sammeln großzügig vor.

Verwendete Pflanzenteile und Erntezeit Direkt nach der Schneeschmelze beginnt die vitale Pflanze zunächst glasig–hellgrüne, in sich gefaltete Blättchen zu treiben. Schon bald ist der ganze Boden davon bedeckt. Blätter, Stängel, Blüten – alles kann gegessen werden: die jungen Blättchen roh als zarter Salat im zeitigen Frühjahr (und nach jedem Mähen), die älteren Blätter und Stängel fein geschnitten als würziges Gemüse oder getrocknet als Suppengewürz. Die Erntesaison dauert von Februar/März bis in den späten Herbst hinein.

Blätter und Stängel	Erntesaison von Februar / März bis in den Spätherbst
Blüten	Juni

Giersch–Gemüse

Rezepte

Giersch–Gemüse Blätter und Stängel waschen, klein schneiden. In einer Pfanne Zwiebelwürfel in kalt gepresstem Oliven- oder Sonnenblumenöl dünsten, mit Gemüsebrühe ablöschen und den Giersch hinzugeben. Nach Geschmack mit Salz, Pfeffer, Muskat oder Knoblauch würzen. Auch die asiatische Variante mit Sojasauce, Curry, Garam Masala und Erdnusscreme ist sehr köstlich.

Giersch-Gazpacho Gierschblätter, Salatgurke, Tomaten, Zwiebel, Knoblauch, etwas Salz, Pfeffer und Olivenöl werden im Mixer zu einer leckeren kalten Sommersuppe püriert. Für dieses Rezept eignen sich auch die Triebspitzen des Wiesen-Labkrauts oder Vogelmieren-Blätter.

Wildkräuter-Salat Junge, zarte Gierschblätter ergeben einen köstlichen Salat, zum Beispiel mit einem leichten Joghurtdressing aus Joghurt, Olivenöl, Zitronensaft, Salz, Pfeffer, Knoblauch und etwas Rohrohrzucker.
Treffen Sie bei Ihrer Suche auch auf Gänseblümchen, Löwenzahn, Hirtentäschel, Taubnessel oder Vogelmiere, können Sie diese gut miteinander kombinieren.

Blätterteig-Pastetchen mit Giersch-Gorgonzola-Füllung Giersch-Gemüse wie oben beschrieben zubereiten und mit etwas Gorgonzolakäse vermischen. Blätterteig-Pastetchen (gibt es fertig zu kaufen) im Backofen vorwärmen und mit dem Gemüse füllen.

Eingelegter Giersch Haben Sie Geschmack am Giersch gefunden? Dann schaffen Sie sich doch einen Vorrat an! Das Rezept stammt aus Russland und gleicht unserer Sauerkrautherstellung: Blätter und Stiele kurz mit kochendem Wasser überbrühen und gut abtropfen lassen. Das Kraut in Schichten von ca. 5 cm Dicke in ein Holzfass oder ein Steingutgefäß legen. Jede Lage salzen: Für 1 kg Giersch verwendet man 10–15 g Voll- oder Meersalz (keinesfalls jodiertes Speisesalz, denn dadurch wird die Milchsäuregärung behindert). Das Gemüse nach jeder Schicht immer wieder kräftig durchstampfen, bis sich reichlich Saft bildet. Als Starter für die Milchsäuregärung eignet sich auch naturbelassener Sauerkrautsaft. Zum Schluss die oberste Lage mit sauberen Steinen beschweren, die ausgetretene Flüssigkeit sollte deutlich über dem Kraut stehen (evtl. mit aufgekochtem und wieder abgekühltem Salzwasser auffüllen). Das Kraut etwa eine Woche bei Zimmertemperatur stehen lassen, sodass die Milchsäuregärung in Gang kommt. Danach an einem kühlen Ort im Keller lagern.

Löwenzahn
Taraxacum officinalis

Pflanzenporträt

Der Löwenzahn gehört zur Familie der Korbblütler (Asteraceae). Der deutsche Name leitet sich von seinen stark gezackten Blättern ab, da man sich früher – ohne je einen Löwen gesehen zu haben – das Gebiss eines Löwen so vorstellte. Trotz der traditionellen Verwendung als Medizinalpflanze (Taraxum officinalis) ist der Löwenzahn für die meisten Menschen nur eine bedeutungslose Allerweltspflanze. In der neueren Taxonomie wird er auch als Taraxum sect. Ruderalia bezeichnet. Für den Begründer der Makrobiotik, den Japaner George Oshawa, gilt hingegen: „Wo diese herrliche Pflanze wächst, braucht man keinen Ginseng einführen!" Ginseng gilt in Asien als Allheilmittel und den Körper unterstützendes Tonikum. Unser Löwenzahn kommt dem in seinen Wirkungen schon recht nahe. In der makrobiotischen Ernährungslehre ist er daher eines der besten Nahrungsmittel für den westlichen Menschen.

Wuchs und Aussehen Löwenzahn wächst hierzulande fast überall. Seine buchtig und sägezahnartig ausgeschnittenen Blätter bilden zusammen eine Blattrosette. Je nach Standortbedingungen wachsen die Blätter flach auf dem Boden liegend oder aufrecht stehend. Sie werden 5–40 cm hoch. Charakteristisch für den Löwenzahn sind die kräftigen Pfahlwurzeln, die leuchtend gelben Blütenköpfe und die sich aus der Blüte entwickelnde „Pusteblume": Durch die kugelförmig angeordneten Flugsamen mit weißem Schirm vermehrt sich die Pflanze rasch weiter. Alle Pflanzenteile sind mit einem weißen Milchsaft gefüllt.

Vorkommen Löwenzahn ist ein weitverbreitetes Wildkraut. Im Frühjahr leuchten gedüngte Wiesen im satten Gelb der Löwenzahnblüten, zwei Wochen später ist die Luft voller Pusteblumen-Samen. Zur Sammlung des Löwenzahns empfiehlt es sich, ungedüngte, naturnahe Standorte aufzusuchen: der eigene Rasen, Ränder von Feld- und lichten Waldwegen, Brachflächen und naturnah bewirtschaftete Wiesen.

Charakteristische Inhaltsstoffe Das Wildgemüse ist sehr vitaminreich, besonders hoch ist die Konzentration der Vitamine C und D. Weiterhin enthält die Wildpflanze sehr viel Kalium, wertvolle Bitterstoffe, Flavonoide, Kumarine, Schleimstoffe, Eiweiß und Inulin (vor allem im Herbst).

Vorbeugen und Heilen mit Löwenzahn Der botanische Name „officinalis" weist darauf hin, dass Löwenzahn eine altbewährte Heilpflanze ist. Die enthaltenen Bitterstoffe regen Galle und Leber an – und bewirken so eine Steigerung der körpereigenen Entgiftungsfunktion. Im Zusammenspiel mit dem hohen Vitamingehalt und dem Reichtum an Kalium, das entwässernd wirkt, bietet Löwenzahn dem Körper wirksame Hilfe zur Selbsthilfe: bei Beschwerden der Leber, Gicht, rheumatischen Krankheitsbildern und Verdauungsbeschwerden.

Sammeltipps

Die Pflanze hat fast gänzjährig Saison! Nur im tiefen Winter bei gefrorenem Boden muss man auf frischen Löwenzahn verzichten. Eine fast durchgängige Ernte ist möglich, da der Löwenzahn mit einer grundständigen Blattrosette überwintert.

Verwendete Pflanzenteile und Erntezeit Die ganze Pflanze, also Wurzel, Blätter, Stiele und Blüten können in der Küche verwendet werden. Wenn es draußen durchgängig Minustemperaturen hat, können Sie für Heilzwecke auf einen Vorrat an getrockneten Blättern oder auf pasteurisierten Saft aus dem Reformhaus zurückgreifen. Das Sammeln wird ab dem zeitigen Frühjahr einfacher, wenn die zarten Blätter zu sprießen beginnen. Während der Blütezeit im April/Mai ist der Tisch besonders reich gedeckt.

Wurzel und Blätter	fast ganzjährig, beste Erntezeit: April – September
Stiele und Blüten	April – Mai, schwächere Nachblüte im Herbst

Rezepte

Löwenzahn-Salat Zu Beginn die Blätter gründlich waschen. Die zarten Blätter im März/April können ganz verwendet werden, große Sommerblätter in feine Streifen schneiden. Falls Blüten an den Pflanzen vorhanden sind, werden diese auch geerntet, ausgeklopft und fein gezupft. Dazu passen zwei Dressings:

Mildes Joghurtdressing Naturjoghurt mit Salz, Pfeffer, grobem Ganzkornsenf, etwas Balsamessig oder Zitronensaft, Rohrohrzucker und frisch gepresstem Knoblauch würzen.

Deftiges Dressing In einer kleinen Pfanne feine Zwiebelwürfel in gutem Pflanzenöl dünsten. Eine gekochte Kartoffel zerstampfen, den zerdrückten Knoblauch und die Gemüsebrühe dazugeben. Mit Salz und Pfeffer abschmecken und mit dem Zwiebel-Öl-Gemisch vermengen.

Rezept-Tipp: Wem die rohen Löwenzahnblätter zu bitter schmecken, legt diese vor der Zubereitung für zehn Minuten in kaltes Wasser, um die Bitterstoffe herauszulösen. Gesünder ist es, das Bittere mit anderen Zutaten, beispielsweise mit Äpfeln, zu mildern.

Löwenzahnwurzel-Gemüse Löwenzahnwurzeln ausstechen, reinigen und in feine Streifen schneiden. In einer Pfanne Zwiebelwürfel in Oliven- oder Sonnenblumenöl glasig dünsten. Das Wurzelgemüse hinzugeben, mit etwas Gemüsebrühe ablöschen und langsam garen lassen. Mit etwas Rohrohrzucker, Salz, Pfeffer und Knoblauch würzen.

Löwenzahnblüten-Gemüse auf asiatische Art Knospen und gerade aufgeblühte Blüten sammeln und waschen oder ausklopfen. In einer Pfanne Zwiebelwürfel mit Sonnenblumenkernen oder Cashewnüssen in Olivenöl andünsten. Mit Gemüsebrühe und Sojasauce ablöschen und die Blüten hinzugeben. Nach Belieben mit Salz, Pfeffer, Knoblauch, Curry und Chili würzen. Die Sauce mit etwas Erdnussbutter sämig machen und als Geschmacksverstärker frischen Zitronensaft und etwas Rohrohrzucker hinzugeben.

Ein ayurvedisch anmutendes Gericht, das gut zu Reis oder Hirse passt und nach allen möglichen Geschmacksrichtungen schmeckt: süß, sauer, scharf, salzig und bitter.

Löwenzahn-Pesto Klein geschnittene Löwenzahnblätter, falls vorhanden auch Löwenzahnblüten, einige Knoblauchzehen, leicht angeröstete Pinien- und Sonnenblumenkerne, Pecorino oder Parmesan sowie Salz, Pfeffer und kalt gepresstes Olivenöl in einem Mörser zerkleinern. Wem die Zubereitung im Mörser zu aufwendig ist, kann das Pesto auch mit dem Stabmixer zubereiten. Dann jedoch nur kurz anpürieren, weil sonst die Konsistenz zu musartig wird. Sie können das Pesto entweder frisch zu Pasta oder als Brotaufstrich verzehren. Mit Öl bedeckt, ist es im Kühlschrank einige Tage lang haltbar; ohne Käse zubereitet hält es so bis zu einem halben Jahr.

Deftiger Löwenzahn-Kartoffelsalat Pellkartoffeln garen, abkühlen lassen, schälen. Feine Zwiebelwürfel und gewürfelten Räuchertofu in einer Pfanne mit etwas Olivenöl anbraten. Frische Löwenzahnblätter mit Blüten und Stielen klein schneiden, mit Wasser, Salz, Pfeffer und einer Prise Rohrohrzucker in einen Topf geben und das Ganze auf kleiner Flamme fünf bis acht Minuten garen. Pellkartoffeln in Scheiben oder Würfel schneiden und in eine Salatschüssel geben. Etwas salzen und auf „rheinische Art" mit Mayonnaise (alternativ: Schmand oder Sauerrahm), Senf, frisch gepresstem Knoblauch und Zitronensaft würzen. Oder auf „süddeutsche Art" mit Salz, weißem Pfeffer, Essig und Gemüsebrühe zubereiten. Löwenzahngemüse, Zwiebel- und Tofuwürfel noch warm untermengen. Salat etwas ziehen lassen und lauwarm servieren.

Löwenzahn-Gelee Löwenzahnblüten sammeln und gründlich ausklopfen. Ein Literbecher voll Blüten mit 1 l frischem Trinkwasser zwei Minuten auf kleiner Flamme kochen, über Nacht zugedeckt ziehen lassen. Abseihen und 750 ml Flüssigkeit abmessen. Mit 1 kg Gelierzucker (oder 500 g „1:2 Gelierzucker") und dem Saft von einer Zitrone aufkochen, drei Minuten sprudeln lassen und rasch in ausgekochte Schraubverschlussgläser füllen.

„Fit in den Tag"-Saft Ein Saft, der die Lebensgeister weckt: Löwenzahnblätter mit Äpfeln, Kiwis und Möhren in den Entsafter geben und mit einem Spritzer kalt gepresstem Pflanzenöl vermischen (damit die fettlöslichen Vitamine besser aufgeschlossen werden können).

Löwenzahnwurzel-Kaffee Wurzeln ausgraben und mit einer Gemüsebürste unter fließendem Wasser gründlich reinigen. Die Wurzeln in kleine Stücke, etwa so groß wie Kaffeebohnen, schneiden. Die Stückchen an einem warmen, luftigen Ort (ohne direkte Sonne) einige Tage zum Trocknen auslegen oder einen Dörrapparat verwenden. Danach die Wurzelstücke auf ein Backblech legen und bei mittlerer Hitze unter Wenden rösten, bis sie schön braun sind (Achtung: nicht schwarz werden lassen!).
Die „Kaffeebohnen" in einem luftdicht verschlossenen Gefäß oder einer Kaffeedose dunkel lagern. Die „Bohnen" am besten unmittelbar vor der Zubereitung des „Kaffees" mahlen. Dann das „Kaffeepulver" in Einweg-Teebeutel füllen und mit heißem Wasser übergießen. Nur zwei bis drei Minuten ziehen lassen, sonst wird der Geschmack bitter.

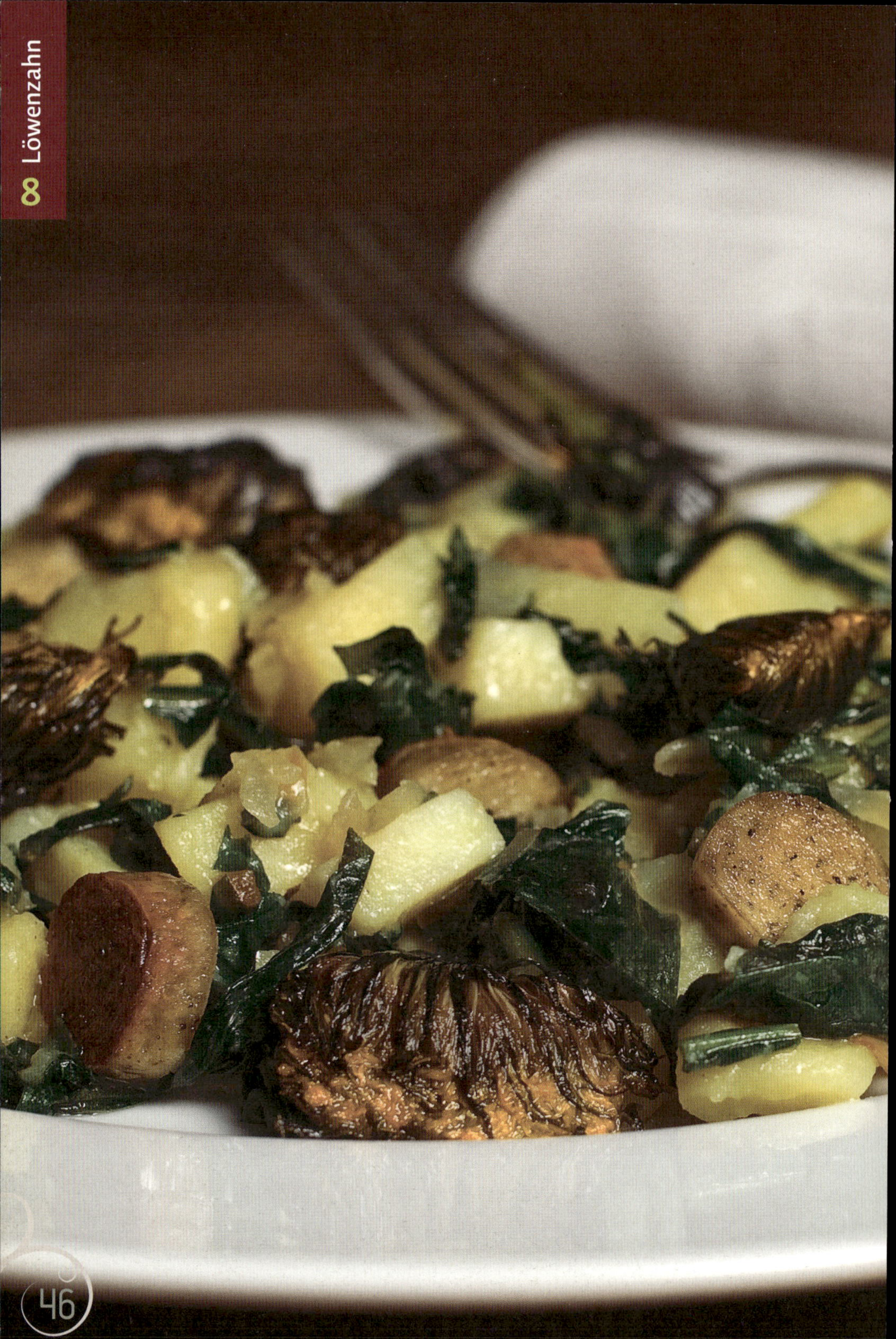

Deftiger Löwenzahn-Kartoffelsalat mit Räuchertofu

47

Vogelmiere
Stellaria media

Pflanzenporträt

Die Vogelmiere ist ein Nelkengewächs (Caryophyllaceae). Der Name deutet darauf hin, dass die zahlreichen, nahrhaften Samen bei Singvögeln im Winter begehrt sind.

Wuchs und Aussehen Die vitale und vermehrungsfreudige Pflanze wächst eher flach kriechend als aufrecht. Daher wird sie auch bei üppigem Wuchs an günstigen Standorten kaum höher als 20 cm. Wächst sie zum Beispiel alleine auf einem brachliegenden Gemüsebeet, bildet sie dichte Polster, während sie sich in einer Wiese an benachbarten Grashalmen abstützt und daher höher wirkt. Die kleinen Blättchen sind hellgrün und stehen immer zu zweit gegenständig an den Trieben. Die Grundform der zarten Blätter ist eiförmig, mit einer kurzen Spitze nach außen. Typisches Kennzeichen der Vogelmiere sind die im Durchschnitt runden Triebe, die bis auf eine längs verlaufende Haarreihe unbehaart sind. Die Blütenstiele wachsen aus den Blattachseln heraus, dabei trägt jeder Stiel nur eine Blüte. Die grünen Kelchblätter unter der kleinen Blüte sind behaart und meistens sogar etwas länger als die weißen Blütenblätter.

Typisch: Die winzigen weißen Blüten sind nur wenige Millimeter groß und sehen aus wie kleine Sterne. Dieser Eindruck entsteht durch die tiefe Einkerbung der fünf Blütenblätter, die wie zehn Strahlen wirken, was auf dem Titelbild des Buches gut zu erkennen ist.

Vorkommen Ursprünglich stammt die Vogelmiere aus Europa. Infolge der Kolonisierung und der weltweiten Handelsbeziehungen hat sich das zarte Pflänzchen heute in allen Ländern der Erde ausgebreitet und wurde so zum „Kosmopolit". Zwar bevorzugt die Miere humose, gut mit Nährstoffen versorgte, eher feuchte Böden in halbschattigen Lagen, doch mit der Wahl ihrer Standorte ist sie nicht wählerisch. Man begegnet ihr auf Gartenbeeten, in Balkonkästen und Blumentöpfen, auf feuchten Wiesen, an Wald- und Wegrändern, Mauern, Zäunen und auf Brachland. Wer seine Augen erst einmal „auf Vogelmiere geeicht" hat, wird sie überall entdecken!

Charakteristische Inhaltsstoffe Die Vogelmiere ist reich an Mineralien und Spurenelementen (vor allem Kalzium, Kalium, Magnesium, Eisen, Selen). Sie enthält viele Vitamine, vor allem Vitamin A und C, sowie B_1, B_2 und B_3. Die relativ seltenen B-Vitamine und der hohe Eisengehalt sind besonders wertvoll. Bei den sekundären Pflanzenstoffen sind die Saponine, Flavonoide und Schleimstoffe hervorzuheben.

Vorbeugen und Heilen mit Vogelmiere Der Genuss der Vogelmiere hat auf den gesamten Organismus eine reinigende und kräftigende Wirkung. Die Inhaltsstoffe wirken kühlend, entzündungshemmend und sind sehr förderlich für die Verdauung. Die in der Vogelmiere enthaltenen Saponine können zwar vom menschlichen Körper nicht direkt aufgenommen werden, bewirken jedoch eine verbesserte Aufnahme von Nährstoffen aus dem Darm.

Sammeltipps

Die Vogelmiere kann ganzjährig gesammelt werden. Die Ernte fällt in der Zeit von April bis November natürlich leichter, da die Pflanzen während der Vegetationsperiode üppige Kissenpolster mit kräftigen Triebspitzen ausbilden.

Verwendete Pflanzenteile und Erntezeit Im Winterhalbjahr braucht man etwas Geduld, um die kleineren Triebspitzen aus den zum Teil abgestorbenen und gefrorenen Pflanzenteilen herauszulösen. Am einfachsten ist es, dies gleich an der frischen Luft zu tun. In der Küche werden die saftig-zarten Triebspitzen einschließlich der Blüten zubereitet. Der Geschmack der Vogelmiere erinnert an jungen Mais, angenehm erfrischend und mild-aromatisch.

Triebspitzen, auch mit Blüten	fast ganzjährig, die beste Erntezeit ist von April bis November

Rezepte

Vogelmiere-Salat Zu der zarten, erfrischenden Miere passt ein leichtes Joghurtdressing aus etwas Zitronensaft, Distelöl und Senf.

Vogelmiere-Spinat In etwas Öl Zwiebelwürfel glasig dünsten. Die Triebspitzen der Vogelmiere waschen, fein hacken und zu den Zwiebelwürfeln geben. Mit etwas Wasser ablöschen, leicht salzen und pfeffern. Das Wildgemüse ist nach drei bis fünf Minuten gar, je nach Konsistenz der Triebspitzen. Nach Belieben mit Crème fraîche, Zitronensaft und frisch gepresstem Knoblauch verfeinern.

Rezept-Tipp: Der unaufdringliche, milde und feine Geschmack der Vogelmiere passt zu allerlei Gemüsegerichten. Mischen Sie die Triebspitzen einfach unter das Kulturgemüse – der Fantasie sind keine Grenzen gesetzt.

Vogelmiere-Salat

Bunter Basmatireis mit Vogelmiere, Mais und Paprika Basmati- oder Duftreis zubereiten. In einer Pfanne Zwiebelwürfel in Öl andünsten, rote Paprikawürfel zugeben und garen lassen. Maiskörner hinzufügen und mit Salz, Pfeffer und Currypulver abschmecken. Frische, zarte Triebspitzen der Vogelmiere fein wiegen. Zusammen mit dem gedünsteten Gemüse unter den heißen Basmatireis heben.

Wildgemüse-Strudel Aus Giersch- und Brennnessel-Blättern wie oben beim Vogel-miere-Spinat ein Gemüse herstellen. Kurz vor Ende der Garzeit noch Vogelmiere-Triebspitzen dazugeben. Mit Salz, Pfeffer und Knoblauch würzen, mit Agar-Agar oder Johannisbrotkernmehl abbinden. Schafskäse klein würfeln und unter das noch warme Gemüse mengen. Aus Mehl, Butter, Hefe, etwas Salz und Zucker einen Strudelteig zubereiten, dünn zu Rechtecken ausrollen oder ausziehen und mit der Gemüsefüllung bestreichen. Zusammenrollen und in einer gefetteten Form 20–25 Minuten bei 180 °C im Backofen auf mittlerer Schiene backen.

Polenta-Pizza mit Vogelmiere Polenta nach Anleitung in Gemüsebrühe zubereiten und noch heiß auf einem mit Backpapier ausgelegten Kuchenblech gleichmäßig als Pizzaboden verteilen. Einige Stunden oder über Nacht ziehen lassen. Für den Belag den „Pizzaboden" mit einer Sauce aus passierten Tomaten, die mit Salz, etwas Chili und Knoblauch gewürzt wurde, bestreichen. Darüber eine Schicht aus grob gehack-ten Triebspitzen der Vogelmiere verteilen. Zum Schluss mit dünnen Tomaten- und Mozzarellascheiben belegen. Die Pizza im Backofen bei mittlerer Hitze backen, bis die Tomatenscheiben gar sind und der Käse goldbraun verlaufen ist.

Schmalblättriges Weidenröschen
Epilobium angustifolium

Pflanzenporträt

Das Schmalblättrige Weidenröschen gehört zur Familie der Nachtkerzengewächse (Onagraceae). Alle mitteleuropäischen Weidenröschenarten sind essbar. Das Schmalblättrige Weidenröschen wurde deshalb in die Gruppe der wichtigsten essbaren Wildpflanzen aufgenommen, da es im Vergleich die größte Ernte ermöglicht, wertvolle Inhaltsstoffe bietet und in waldreichen Mittelgebirgen oft in Massenbeständen vorkommt.

Wuchs und Aussehen Die Pflanze hat einen aufrechten, kerzenartigen Wuchs und wird bis zu 1,5 m hoch. Der Haupttrieb ist nur selten verzweigt. Die Blätter wachsen ohne oder nur mit einem sehr kurzen Stiel. Sie sind auf der Unterseite bläulich gefärbt. Ein weiteres Kennzeichen des Weidenröschens ist der hellgrüne, ausgeprägte Blattnerv in der Mitte der länglich–schmalen Blätter. Die violetten Blüten der Kerze blühen von unten nach oben durch; auch bei den Früchten bilden sich zuerst die unten stehenden. Sind die bis zu 5 cm langen Früchte reif, geben sie die Samen mit federartigem Anhängsel frei.

Typisch: Im oberen Drittel trägt der Stängel die leuchtend violetten Blüten; im unteren Teil sind die schmalen Blätter angeordnet, nach denen die Pflanze ihren Namenszusatz erhalten hat.

Vorkommen Das Schmalblättrige Weidenröschen ist eine Pionierpflanze. Es kommt oft in Massenbeständen vor, besonders auf Kahlschlagflächen, in Hochstaudenfluren der Mittelgebirge und in den Alpen bis auf ca. 1800 m Höhe.

Vorbeugen und Heilen mit Schmalblättrigem Weidenröschen Die Wildpflanze enthält wertvolle Flavonoide, Tannine und Provitamin A. Besonders reich ist sie an Magnesium und Vitamin C (siehe Tabelle, Seite 9). Das Weidenröschen wirkt entzündungshemmend; als Tee hilft es bei Magen- und Darmentzündungen sowie bei Schwierigkeiten mit dem Wasserlassen bei einer gutartigen Vergrößerung der Prostata.

Sammeltipps

Triebspitzen und Blüten des Schmalblättrigen Weidenröschens sind eine schöne Ergänzung auf dem Speiseplan, die Blätter schmecken etwas säuerlich.

Verwendete Pflanzenteile und Erntezeit Die zarten Triebspitzen können Sie zwischen April und Juli ernten. In der Küche verarbeitet man sie zu Salaten und Gemüse. Genauso verwendet wird die violette Blütenpracht, die sich zwischen Juni und August zeigt. Die Stängel sind ungenießbar holzig, nur als ganz junge Stocksprossen können sie wie Spargel verwendet werden.

Triebspitzen und Blätter	Mai – August
Blüten	Juli – August

Rezepte

Weidenröschen-Gemüse Die Zubereitung entspricht dem „Klee-Gemüse" auf Seite 58, allerdings ist die Garzeit für die Blätter des Weidenröschens um etwa 15 Minuten länger, da sie eine stark ausgeprägte Mittelrippe haben. Sie können sehr gut mit anderem Wildgemüse wie Giersch, Vogelmiere oder Brennnessel kombiniert werden. Bei der ausschließlichen Verwendung von Blüten verkürzt sich die Garzeit. Allerdings verlieren diese beim Kochen weitgehend ihre leuchtend violette Farbe.

Rezept-Tipp: Die kräftige Farbe der Blüten ist ein echter Hingucker auf dem Teller – jedoch nur in rohem Zustand, da sie beim Erwärmen ihre Farbe nahezu verlieren.

Hochsommerlicher Blütensalat Die Weidenröschenblüten und die orangefarbenen Blüten der Kapuzinerkresse zu gleichen Teilen auf Tellern anrichten und mit einer süß-säuerlichen Salatsauce aus Ahornsirup oder Agavendicksaft, Zitronensaft und etwas Salz beträufeln. Die Kombination aus violetten und orangenen Blütenköpfen ergänzt sich farblich auf wunderschöne Weise – Violett und Orange sind Komplementärfarben. Die Blüten harmonieren auch geschmacklich vorzüglich: Das leicht bittere Weidenröschen trifft auf die pfeffrige Kapuzinerkresse und die süß-säuerliche Note des Dressings.

Weidenröschen-Nudelsalat Weidenröschen-Triebspitzen in einen Topf geben und mit Salzwasser auffüllen, sodass sie gerade bedeckt sind. 10–15 Minuten köcheln lassen, dann mit einem Schaumlöffel herausnehmen und abkühlen lassen. Den Sud auf die Seite stellen. Die gegarten Triebspitzen ähnlich wie Schnittlauchröllchen in kurze Stücke von etwa 3 mm Länge schneiden. Penne oder Spirelli im Weidenröschen-Sud al dente kochen, dabei eventuell Wasser zugeben. Mit kalt gepresstem Olivenöl, Zitronensaft, etwas Senf, Salz und Pfeffer würzen. Kurz vor dem Servieren frische, fein gehackte Weidenröschen-Blüten unterheben und den Salat damit bestreuen.

Gefüllte Tomaten oder Paprika Das Weidenröschen-Gemüse oder Mischgemüse wie oben beschrieben zubereiten. Bei Tomaten und/oder Gemüsepaprika auf der Oberseite einen Deckel abschneiden und die Früchte innen aushöhlen. Für die Füllmasse Dinkelflocken in wenig warmer Gemüsebrühe quellen lassen. Anschließend Dinkelmehl hinzufügen und daraus eine Bratlingmasse herstellen. Mit Knoblauch, Salz und Pfeffer abschmecken. Das Weidenröschen-Gemüse und ein bis zwei Eier untermengen. Die Früchte mit der Masse füllen, den Deckel aufsetzen und alles in eine Auflaufform geben. Etwas Gemüsebrühe und Olivenöl zugießen und im vorgeheizten Ofen garen lassen. Passende Beilagen sind Reis oder Hirse mit einer fruchtigen Tomatensauce. Lecker schmecken auch Weidenröschen-Dinkel-Bratlinge aus derselben Masse – kalt oder warm, am liebsten mit Senf!

Roter Wiesen-Klee
Trifolium pratense

Pflanzenporträt

Der Rote Wiesen-Klee gehört zu den Schmetterlingsblütlern (Fabaceae). Sein lateinischer Name bedeutet „das Dreiblatt der Wiese".

Wuchs und Aussehen Der Rote Wiesen-Klee wird bis zu 35 cm hoch und ist mit seinen rundlichen, rotvioletten Blüten nicht zu übersehen. Die charakteristischen, dreiteiligen Blätter haben nur einen sehr kurzen Stiel oder sind unterhalb der Blütenköpfe oft gar nicht bestielt. Die runden Blütenköpfe werden etwa 1–2 cm groß. Aus den Blattachseln treibt die Pflanze unermüdlich neue Triebe und Blüten hervor. Auf ungemähten Wiesen findet man ab Juli bis in den Herbst hinein an einer Pflanze alle Stadien der Entwicklung gleichzeitig: zarte junge Triebe, Blütenknospen, Blüten, verwelkte Blüten und Samenstände.

Typisch: Roter Wiesen-Klee kommt fast überall in Mitteleuropa häufig vor und ist durch die auffällige, rotviolette Blüte leicht zu erkennen.

Vorkommen Auf nährstoffreichen, eher lehmigen Böden gedeiht das Wildgemüse besonders gut. Wie bei Klee oft üblich, vermehren sich einzelne Pflanzen an einem für sie geeigneten Standort vegetativ stark weiter. Der Rote Wiesen-Klee ist eine häufig anzutreffende Pflanze der blumenreichen Bergwiesen in den Mittelgebirgen und in den Alpen, wo man ihn bis auf 2000 m Höhe finden kann. Dabei nimmt die Wuchshöhe mit der Meereshöhe zunehmend ab.

Charakteristische Inhaltsstoffe Sehr hoher Gehalt an Provitamin A (siehe Tabelle, Seite 9), reich an Mineralstoffen, Isoflavonen (Pflanzenöstrogenen) und Eiweiß. Die außergewöhnliche Konzentration und Kombination von Inhaltsstoffen macht den Roten Wiesen-Klee zu einem besonders wertvollen Lebensmittel.

Vorbeugen und Heilen mit Rotem Wiesen-Klee Obwohl der Rote Wiesen-Klee nicht als klassische Heilpflanze gilt, ist er für die Ernährung ausgesprochen bedeutsam: Von allen Wildpflanzenarten enthält er den höchsten Anteil an Provitamin A (Beta-Carotin), das die Erhaltung der Sehkraft fördert. In dieser Eigenschaft übertrifft er sogar sämtliche Kulturgemüse, außer der dafür bekannten Karotte (siehe Tabellen in der Einführung).

In letzter Zeit wird den enthaltenen Isoflavonen immer größere Aufmerksamkeit geschenkt. Die Pflanzenöstrogene werden im Rahmen einer naturheilkundlichen Behandlung bei Wechseljahresbeschwerden eingesetzt und dienen auch zur Vorbeugung gegen hormonabhängige Krebserkrankungen von Brust, Gebärmutter und Prostata.

Sammeltipps

Der Rote Wiesen-Klee ist ein Dauerblüher und zeichnet sich durch eine lange Erntezeit aus.

Verwendete Pflanzenteile und Erntezeit Suchen Sie das Wildgemüse am besten auf möglichst natürlich bewirtschafteten Wiesen. Dort trifft man von Ende April bis in den Oktober häufig auf ganze Tuffs der Blütenpflanzen. An solchen Stellen haben Sie innerhalb weniger Minuten genügend Wiesen-Klee für eine ganze Mahlzeit gesammelt.

Zarte junge Triebe, Blätter und Blüten können roh als Salat oder gedünstet als Gemüse verwendet werden. Wenn Ihnen die Blütenköpfe im Salat zu bissfest sind, dann zupfen Sie die Blüten klein.

Triebe, Blätter und Blüten	Hauptsaison ist von Ende April bis Oktober

Rezepte

Klee-Gemüse Fein gehackte Zwiebel in Oliven- oder Sonnenblumenöl glasig dünsten, mit Sojasauce und Wasser ablöschen. Kleeblätter und -blüten hinzugeben und mit etwas Salz, einer Prise Rohrohrzucker, Pfeffer, Currypulver und Knoblauch würzen. Bei mäßiger Hitze zugedeckt ca. zehn Minuten dünsten. Die Blütenköpfe saugen viel Wasser auf, daher eventuell noch etwas Flüssigkeit nachgießen. Zum Schluss mit etwas Sahne und/oder Zitronensaft verfeinern.

Gefüllte Pfannkuchen Aus Mehl, Eiern, Milch oder Mineralwasser einen Pfannkuchenteig herstellen. In einer schweren Pfanne helle Pfannkuchen ausbacken. Das Klee-Gemüse wie oben beschrieben zubereiten und mittig auf die fertigen Pfannkuchen geben. Diese zusammenrollen und in einer ofenfesten Form mit Pecorino überstreut kurz gratinieren.

Bunte Gemüsereispfanne mit Rotem Wiesen-Klee Naturreis in Gemüsebrühe gar kochen. Das Klee-Gemüse wie oben beschrieben zubereiten, ergänzt um kleine Karotten- und Kartoffelwürfel (festkochende Sorte), die mitgedünstet werden. Gegen Ende der Garzeit gekochte Erbsen und den Naturreis unterheben.

Rezept-Tipp: Die intensive Farbe der Blüten wirkt auf dem Teller besonders ungewöhnlich und dekorativ – sowohl als ganze Blütenköpfe (ohne Grün) als auch gezupft.

Smoothie „Morgenröte" Blütenköpfe vom Roten Wiesen-Klee mit Roter Bete, Bananen und Äpfeln sowie Wasser, Sahne und Zitronensaft im Mixer zu einem Smoothie verarbeiten.

429.Trifolium pratense L.

Rotklee.

Wiesen-Labkraut

Galium mollugo

Pflanzenporträt

Das Wiesen-Labkraut gehört zur Pflanzenfamilie der Rötegewächse (Rubiaceae).
Das seltenere, eng verwandte „Echte Labkraut" (Galium verum) blüht grünlich-gelb,
ist ebenfalls stark duftend und gleich beblättert wie das Wiesen-Labkraut. Es kann
genauso in der Küche verwendet werden und ist im Bild auf Seite 62 zu sehen.
Sein Kraut wurde früher bei der Verarbeitung von Milch verwendet. Das in der
Pflanze enthaltene Labenzym setzte man bei der Käseherstellung zur Gerinnung der
Milch ein. Heute dagegen wird Lab vor allem aus den Mägen von Kälbern gewonnen.

Wuchs und Aussehen Aus einem ausdauernden Wurzelstock treibt das Labkraut jedes Jahr neu aus; es zählt daher zu den Stauden. Die Triebe werden
60 cm bis maximal 1 m hoch und enden in locker angeordneten, stark verzweigten
Blütenständen, die aus vielen, winzig kleinen Blüten bestehen. Diese sind etwa 3 mm
groß und weiß bis cremefarben. Die Blüten verströmen einen intensiven, süßlichen
Duft, der besonders bei größeren Labkrautbeständen und feuchtem Wetter schwer
in der Luft liegen kann. Doch auch schon vor der Blütezeit ist das Labkraut leicht
an seiner Belaubung zu erkennen: An dem glatten und vierkantigen Stängel stehen
in regelmäßigen Abständen Blattquirle, die von sechs bis neun Blättchen gebildet
werden. Die einzelnen Blättchen sind sehr schmal, lanzettförmig und weisen eine
durchgehende Mittelrippe auf.

Vorkommen In Mitteleuropa ist das Labkraut sehr weitverbreitet. Es bevorzugt sonnige Standorte auf wenig gemähten Wiesen und wächst an Wegrändern, Feldrainen und auf der Sonnenseite von Hecken. Auf kalkhaltigen, nährstoffreichen und tiefgründigen Böden ist es besonders gut zu finden.

 Charakteristische Inhaltsstoffe Neben dem Labenzym enthält das Labkraut reichlich ätherisches Öl, Gerbstoffe, Mineralien und Spurenelemente.

 Vorbeugen und Heilen mit Wiesen-Labkraut Die Nieren werden in ihrer Tätigkeit angeregt, daher berichtet die Naturheilkunde von der entwässernden Wirkung des Labkrauts. Darüber hinaus unterstützt es die Lymphe bei der Entschlackung.

Sammeltipps

Mit kleinen, auch im Winter erstaunlich grünen Trieben überdauert dieses Wildgemüse die kalte Jahreszeit und ist somit auch im Winter gut zu finden.

Verwendete Pflanzenteile und Erntezeit Sowohl die Blätter als auch die Blüten des Labkrauts sind essbar. Die Pflanzentriebe können Sie fast das ganze Jahr über ernten. In der Zeit von Dezember bis März ist der Sammelaufwand zwar erheblich größer – aber möglich. Im April gestaltet sich die Ernte am einfachsten, weil jetzt die jungen, zarten Triebe komplett gesammelt werden können. Später sollten Sie sich auf die Spitzen beschränken, da die unteren Abschnitte der Stängel hart und faserig werden. Nach dem Mähen wachsen allerdings wieder frische Triebe nach, die genauso zart sind wie im Frühling. Diese können auch im Sommer und Herbst komplett abgeerntet werden. Wenn im Frühsommer gemäht wurde, treibt das Labkraut wieder aus, bildet dann aber kürzere Stängel und kleinere Blütenstände. Die Hauptblütezeit der Pflanze ist Ende Juni bis Mitte Juli. An den stark verzweigten Haupttrieben finden sich bis in den Spätsommer hinein Nachzüglerblüten an den Seitentrieben.

Blätter und Triebspitzen	Hauptsaison für die jungen Blätter ist April bis Oktober, Triebspitzen gibt es von September bis zum kommenden Frühjahr
Blüten	Juni – Juli

Rezepte

Labkraut-Gemüse Die jungen Triebspitzen und die Blätter des Labkrauts gründlich waschen, dann grob mit einem Wiegemesser zerkleinern. Feine Zwiebelwürfel in gutem Speiseöl glasig andünsten und das Gemüse zugeben. Mit etwas Flüssigkeit ablöschen – je nach Geschmack mit Gemüsebrühe, Weißwein, Wasser oder Sahne. Zum Würzen eignen sich Salz, Pfeffer, Knoblauch und mediterrane Kräuter. Für die asiatische Variante werden Ingwer, Chili, Currypulver, Gram Masala und Sojasauce verwendet. Als Beilagen passen Reis oder Hirse.

Labkraut kann als einzelnes Wildgemüse oder auch als Mischgemüse zubereitet werden – zusammen mit Giersch, Brennnessel, Gänsedistel, Löwenzahn oder Vogelmiere.

Rezept-Tipp: Gemüsezubereitungen wie diese eignen sich hervorragend zum Füllen von Gartenfrüchten wie Tomaten, Paprika, Zucchini und Auberginen, als pikanter Belag für einen Gemüsekuchen oder als Strudelfüllung.

Labkraut-Salat Die zarten Triebspitzen und Blättchen gründlich säubern, mithilfe einer Salatschleuder trocknen und in mundgerechte Stücke schneiden. Da die Oberfläche von Stängeln und Blättern sehr glatt ist, ist ein besonders dickflüssiges und cremiges Dressing am besten, das gut an den Pflanzenteilen haften bleibt. Passend sind hier zum Beispiel eine Sahne-Senf-Sauce mit Balsamessig, Salz, Pfeffer und frischem Knoblauch oder ein abgewandeltes „Thousand-Island-Dressing" aus Tomatenmark, Mayonnaise, Salz, Pfeffer, Zitronensaft oder Essig.

Labkraut-Gelee Die Zubereitung eines Labkraut-Gelees erfolgt an zwei aufeinander-
folgenden Tagen. Nach der Ernte der stark duftenden Blütenstände werden diese
nicht gewässert, sondern lediglich auf Insekten hin kontrolliert. Das Wässern würde
einen großen Verlust an Duft- und Aromastoffen zur Folge haben! Anschließend die
Blütenstände klein zupfen und grobe Stängel aussortieren. Einen Messbecher von
einem Liter Inhalt mit den Blüten füllen. Diese Menge in einen Topf geben und mit 1,5 l
reinem, möglichst weichem Trinkwasser übergießen und mit einem passenden Deckel
versehen. Das Gemisch einmal kurz aufkochen, dann den Topf sofort von der heißen
Platte herunternehmen und die Blüten über Nacht ziehen lassen. Am nächsten Tag die
Blüten-Wasser-Mischung durch ein Sieb abgießen und das so gewonnene Duftwasser
mit Gelierzucker oder einem Gemisch aus normalem Zucker, Apfelpektin und Zitronensaft zu einem Gelee einkochen.

Labkraut-Sirup und -Limonade Wenn das obige Rezept statt mit Gelierzucker
oder Zucker-Apfelpektin-Gemisch mit einfachem Zucker hergestellt wird, entsteht
ein Sirup. Noch aromatischer wird dieser bei der Verwendung von Rohrohrzucker. Der
so zubereitete Labkraut-Sirup eignet sich zur Herstellung von duftig-erfrischenden
Kräuterlimonaden (einfach mit kohlesäurehaltigem Mineralwasser oder mit stillem
Wasser aufgießen) oder zur Verfeinerung von Süßspeisen.

Labkraut-Bowle Labkraut-Triebspitzen in frischem Wasser kurz zum Kochen
bringen, vom Herd nehmen und für mindestens zwei Stunden ziehen lassen (auch
über Nacht). Dann den Sud abgießen und mit Apfelsaft, Wasser oder Weißwein
verdünnen und kühl stellen. Kohlesäurehaltige Getränke wie Sekt oder Mineralwasser
erst kurz vor dem Servieren dazugießen.

*Tipp zur Kühlung Ihrer Getränke im Sommer: Kleine Teile des Labkraut-Blütenstandes in
eine Eiswürfelform legen und mit Wasser auffüllen.*

Vorräte anlegen

Die hier vorgestellten essbaren Wildpflanzen haben zwar eine sehr lange Erntezeit, ja manche stehen uns sogar in der einen oder anderen Form das ganze Jahr über zur Verfügung, aber wie man es auch dreht und wendet – die kalte Jahreszeit stellt für den Sammler eine Zäsur dar. Wer auch bei gefrorenem Boden und geschlossener Schneedecke nicht auf wildes Gemüse verzichten möchte, muss vorsorgen und Vorräte anlegen. Ich stelle Ihnen daher im Folgenden die wichtigsten Methoden vor, mit denen Sie das Wildgemüse auf einfache Weise haltbar machen können:

Lagern

Sie können sich leicht einen Vorrat an Löwenzahn- und Gänse-Fingerkrautwurzeln oder Bärlauchzwiebeln anlegen. Wie bei Möhren, Sellerie und Roter Bete, die so einige Monate lang aufbewahrt werden können, gibt man die frisch ausgegrabenen Pflanzenteile in eine Kiste mit trockenem Quarzsand, der mit etwas Torf vermischt wurde. Dazu werden die unterirdischen Pflanzenteile im November mit einem Spaten geerntet. Entfernen Sie das Laub, da es zum Faulen neigt. Legen Sie dann das Gemüse in die vorbereiteten Kisten, sodass es vom Substrat bedeckt ist. Gelagert wird an einem kühlen, dunklen Ort – ein nicht zu warmer Keller mit relativ hoher Luftfeuchtigkeit ist ideal. Hier hält sich das Gemüse problemlos bis Anfang März. Auf diese Weise haben Sie einen griffbereiten Vorrat, der jederzeit verfügbar ist.

Da es in unseren Breiten kaum vorkommt, dass der Erdboden drei Monate lang durchgehend gefroren ist und es zudem im Frühjahr die größte Freude bereitet, frische Pflanzen zu sammeln, ist es ratsam, nicht zu viele Vorräte anzulegen.

Trocknen

Die schonendste und auch umweltfreundlichste Weise, um Blattgemüse und Blüten haltbar zu machen, ist das Trocknen. Die getrockneten Pflanzenteile werden vor der Zubereitung einige Stunden oder besser über Nacht in Wasser eingeweicht und können danach wie frisches Kraut in der Küche verwendet werden.

Bei dieser Methode bleiben alle Nähr- und Vitalstoffe erhalten – sofern man beim Trocknen darauf achtet, dass die Temperatur 40 °C nicht übersteigt. Trocknen Sie zunächst die gesunden, gewaschenen Blätter und Blüten je nach Festigkeit in der Salatschleuder oder durch vorsichtiges Abtupfen mit einem Küchentuch. Dann werden die Pflanzenteile nebeneinander auf einen luftdurchlässigen Rost in der Nähe eines Ofens gelegt. Es ist auch möglich, bei geringster Wärmezufuhr im Backofen zu trocknen. Dazu steckt man einen Kochlöffel in die Klappe des Backofens, damit die Feuchtigkeit entweichen kann. Profis benutzen einen Dörrapparat. In jedem Fall ist darauf zu achten, dass der Trocknungsvorgang möglichst schnell vorangeht, nicht unterbrochen wird und die Temperatur die besagten 40 °C keinesfalls übersteigt. Vor allem in der Nähe eines Ofens kann dies leicht passieren, daher sollten Sie die Temperatur genau kontrollieren. Die Blätter werden so lange getrocknet, bis sie bei Berührung rascheln.

Direkt nach Abschluss des Trocknungsvorganges wird die Ernte abgefüllt. Um Platz in den luftdichten Vorratsdosen oder Schraubgläsern zu sparen, können Sie die „Raschel-blätter" vor dem Abfüllen rebeln, also zwischen den Handflächen in kleinere Stückchen zerreiben. Die Behälter werden beschriftet und an einem dunklen, trockenen Ort gelagert.

Frosten

Zum Einfrieren säubern Sie zunächst das frische Blattgemüse und überbrühen es mit kochendem Wasser. Dann klein schneiden, abkühlen lassen und portionsweise in beschriftete Gefrierbeutel abfüllen. Auch hier gilt: nicht zu viele Portionen einfrieren – ab März gibt es wieder frische Kost!

Einlegen

– in Öl

Das Einlegen in Öl eignet sich nicht unbedingt als Konservierung für größere Mengen an Wildgemüse, da gute Öle dafür zu teuer sind und die daraus zubereiteten Gerichte auch zu kalorienreich geraten würden. Vielmehr entstehen kleine und feine Delikatessen, wie zum Beispiel in Öl eingelegte Blüten vom Gänseblümchen oder eingelegte Blütenknospen vom Löwenzahn (Rezept: siehe Gänseblümchen). In Öl eingelegt, kühl und dunkel aufbewahrt, kann sich das Wildgemüse bis zu einem Jahr halten. Voraussetzung dafür ist, dass die Gläser und Deckel vorher ausgekocht wurden und absolut sauber sind. Verschimmeltes Einmachgut muss weggeworfen werden.

– in Essig

Ähnlich verhält es sich mit dem Einlegen in Essig. Obwohl die Kosten für Essig geringer sind als für kalt gepresste Öle, so stellen auch die in Essig eingelegten Lebensmittel eher eine willkommene geschmackliche Abwechslung als ein Grundnahrungsmittel dar (Rezept: siehe Gänseblümchen). Auch das in Essig eingelegte Wildgemüse ist bis zu einem Jahr haltbar (Voraussetzungen: siehe oben).

– milchsauer

Das milchsaure Einlegen ist neben dem Trocknen die schonendste und ernährungsphysiologisch wertvollste Methode der Konservierung! Zudem wird, beispielsweise im Gegensatz zum Einfrieren, kaum Energie benötigt, was Kosten spart und die Umwelt schont. Blattgemüse wird von alters her milchsauer eingelegt. Den meisten von uns ist das heute nur noch vom Sauerkraut bekannt. Als notwendige Ausrüstung benötigen Sie einen Topf aus Steingut oder ein Holzfass und einen kühlen Keller, in dem das Gemüse während des Winters stehen kann (Rezept: siehe Giersch).

Wie funktioniert diese Methode? Die überall in der Luft und auch auf den Blättern lebenden Milchsäurebakterien werden dazu benutzt, den im Gemüse enthaltenen Zucker durch einen kontrollierten Gärvorgang in Milchsäure umzuwandeln – das Gemüse wird so haltbar. Dabei werden die im Gemüse enthaltenen Nähr- und Vitalstoffe schonend aufgeschlossen und stehen uns beim Verzehr ohne Verluste zur Verfügung. Bei der Gärung entsteht zusätzliches Vitamin C und Vitamin B$_{12}$. Das Gemüse wird zudem leichter verdaulich. Die Milchsäurebakterien schützen nützliche Darmbakterien und hemmen gleichzeitig Krankheitserreger im Darm. Regelmäßiger Genuss stärkt die Abwehrkräfte und soll eine natürliche Vorbeugung gegen Krebs sein. Die gesundheitlichen Vorteile beziehen sich besonders auf das ungekochte Kraut.

Einkochen

Sämtliche Blatt- und Wurzelgemüse können auch eingekocht werden. Diese Methode wird Sterilisieren genannt. Dabei setzt man nicht, wie beim milchsauren Einlegen, auf die kontrollierte Partnerschaft mit erwünschten Mikroorganismen, sondern darauf, diese während des Kochens unwirksam zu machen – um das Gemüse auf diese Weise zu konservieren. Dadurch ist eingekochtes Gemüse ernährungsphysiologisch weniger wertvoll als milchsauer eingelegtes. Voraussetzung für die Haltbarkeit sind vorab ausgekochte und somit keimfreie Gläser und eine entsprechend lange Einkochzeit.

Als Ausrüstung benötigen Sie neben speziellen Gläsern und Dichtungsgummis (Weck-gläser) einen großen Kochtopf mit Deckel und ein langes Thermometer. Wer häufiger einkocht, kann sich den Kauf eines Einkochtopfes überlegen, der ein aufwendiges Kontrollieren der Temperatur erspart. Mit diesem erhalten Sie auch eine Anleitung, welches Gemüse bei welcher Temperatur wie lange einzukochen ist. Auch in alten oder speziellen Gemüsekochbüchern werden Sie zu diesem Thema fündig. Da die Konsistenz von Wildgemüse mit der des Grünkohls vergleichbar ist, lassen sich die dort angegebenen Werte für die Zubereitung übernehmen: Dazu das Gemüse einige Minuten vorab in einem Topf kochen, dann in die Gläser füllen und bei 100 °C für ca. zwei Stunden einkochen. Wichtig ist, dass die Gläser gleich groß sind und sich nicht berühren dürfen (für Töpfe gibt es dafür besondere Einsätze). Alternativ kann auch im Backofen eingekocht werden: Dafür die Fettpfanne mit Wasser füllen, die Gläser in ausreichendem Abstand darauf platzieren und auf der untersten Schiene in den Ofen schieben. Eventuell kann die Einkochzeit reduziert werden – das richtet sich nach der Größe der Gläser und der Festigkeit der Wildpflanze.

Erntekalender

Wildpflanze	JAN	FEB	MÄRZ	APR	MAI
Bärlauch	Zwiebeln	Zwiebeln, erste Blättchen	Blätter	Blätter, später Blüten	Blüten
Breitwegerich				erste Blätter	Blätter
Brennnessel			erste Blättchen	Blätter und Triebspitzen	Blätter und Triebspitzen
Gänseblümchen	Blatt-rosetten	Blatt-rosetten	Blattroset-ten, Blüten	Blattroset-ten, Blüten	Blattroset-ten, Blüten
Gänsedistel					Stängel und Blätter
Gänse-Fingerkraut	Wurzeln	Wurzeln	Wurzeln	Blätter	Blätter
Giersch		erste Blättchen	Blätter	Blätter	Blätter und Triebe
Klee				Blätter und Blüten	Blätter und Blüten
Labkraut	Triebspitzen	Triebspitzen	Triebspitzen	ganze Triebe	Triebspitzen
Löwenzahn	Wurzeln, Blatt-rosetten	Wurzeln, Blatt-rosetten	Blätter	Blätter und Blüten	Blätter und Blüten
Vogelmiere	Triebspitzen	Triebspitzen	Triebspitzen	Triebspitzen	Triebspitzen
Weidenröschen					Blätter und Triebspitzen

JUNI	JULI	AUG	SEPT	OKT	NOV	DEZ
Zwiebeln	Zwiebeln	Zwiebeln	Zwiebeln	Zwiebeln	Zwiebeln	Zwiebeln
Blätter	Blätter	Blätter	Samen	Samen		
Triebspitzen, Blätter und Blüten	Triebspitzen, Blätter und Blüten	Blätter, Triebspitzen und Samen	Samen	Samen		
Blattroset-ten, Blüten	Blattroset-ten, Blüten	Blattroset-ten, Blüten	Blattroset-ten, Blüten	Blattroset-ten, Blüten	Blatt-rosetten	Blatt-rosetten
Stängel, Blätter, Blüten	Stängel, Blätter, Blüten	Stängel, Blätter, Blüten	Stängel, Blätter, Blüten	Stängel, Blätter, Blüten	Stängel, Blätter, Blüten*	Stängel, Blätter, Blüten*
Blätter	Blätter	Blätter	Blätter	Wurzeln	Wurzeln	Wurzeln
Blätter, Triebe und Blüten	Blätter	Blätter	Blätter	Blätter		
Blätter und Blüten	Blätter und Blüten	Blätter und Blüten	Blätter und Blüten	Blätter und Blüten		
Triebspitzen, Blüten	Triebspitzen, Blüten	Triebspitzen	Triebspitzen	Triebspitzen	Triebspitzen	Triebspitzen
Blätter	Blätter	Blätter	Blätter und Blüten	Blätter und Blüten	Wurzel, Blatt-rosetten	Wurzel, Blatt-rosetten
Triebspitzen	Triebspitzen	Triebspitzen	Triebspitzen	Triebspitzen	Triebspitzen	Triebspitzen
Blätter und Triebspitzen	Blätter, Triebspitzen und Blüten	Blätter, Triebspitzen und Blüten				

* bis zum ersten Frost

69

Literatur

Fleischhauer, S.: Enzyklopädie der essbaren Wildpflanzen. AT Verlag, Aarau und München 2003.

Franke, W.: Wildgemüse. AID, Bonn 1987.

Franke, W.: Nutzpflanzenkunde. Nutzbare Gewächse der gemäßigten Breiten, Subtropen und Tropen. Thieme Verlag, Stuttgart 1997.

Rothmaler, W.: Exkursionsflora von Deutschland, Band 3: Atlas der Gefäßpflanzen. Verlag Volk und Wissen, Berlin 1991.

Schmeil, O. und Fitschen, J.: Flora von Deutschland. Quelle & Meyer Verlag, Heidelberg 1988.

Storl, W.D.: Heilkräuter und Zauberpflanzen zwischen Haustür und Gartentor. Knaur MensSana, München 2007.

Frischer Genuss für die Küche

Blüten für die Küche – Warenkunde und Genussrezepte
von Erica Bänziger und Ruth Bossardt
50 Porträts von Garten- sowie Wildblüten und ihre Verwendung in der Küche. Ein Augen- und Gaumenschmauß mit essbaren Blüten, die eine köstliche Bereicherung für jedes Gericht sind und einen Hauch von Paradies auf die Teller zaubern.
153 Seiten, 94 Farbfotos, Hardcover, ISBN 978-3-7750-0579-1.

Konfitüren, Marmeladen und Gelees
von Stefanie Klein (Hrsg.)
Ausgefallene Rezepte für neue Geschmackserlebnisse. Mit Alternativen für natürliches Gelieren und Süßen sowie einer Warenkunde mit Saisonkalender für sonnigen Fruchtgenuss das ganze Jahr.
77 Seiten, 25 Farbfotos, Hardcover, ISBN 978-3-7750-0497-8.

Natürlich einmachen: Beeren, Obst, Gemüse und Kräuter haltbar machen
von Anna Spreng und Margit Bühler
Den Duft des Sommers und den Geschmack des Herbstes einfangen, auf Flaschen ziehen und in Gläsern aufbewahren, trocknen oder dörren. Likörherstellung und Geschenkideen, Saisonkalender. Sonderbeilage: praktische, farbige Etiketten, auch zum Nachbestellen.
140 Seiten, 132 Farbfotos, Hardcover, ISBN 3-7750-0453-X.

Wildkräuter – Natur & Küche
von Ralf Hiener und Olaf Schnelle
Überraschende Wildkräuter-Variationen in der Küche. Mit 40 ausführlichen Porträts zu Ackerveilchen, Giersch & Co. sowie vielen raffinierten und leckeren Rezepten.
176 Seiten, 100 Farbfotos, Hardcover, ISBN 978-3-7750-0540-1.

Weitere Informationen über unsere Kochbücher erhalten Sie kostenlos und unverbindlich beim
Walter Hädecke Verlag · Postfach 1203 · 71256 Weil der Stadt b. Stuttgart
Fax +49(0) 70 33 / 138 08 13 · E-Mail info@haedecke-verlag.de